增訂版

吃進大台南

內行ㄟ最愛，73家必吃美食

蔡宗明 著

其實傳承的是，母親的味道----------------------

生長於台南府城舊市區，像我這種國中第一屆之輩，絕大多數是在物質環境普遍缺乏的年代，克難成長的。

猶清晰記得，只有在過年的時候，才有機會拿幾塊壓歲錢，一群小孩結伴，快樂高興地去逛熱鬧的中正路和小吃集中的沙卡里巴、小西門下大道等攤販區，大方享受一頓米粉炒、碗粿、魚羹等等，那份等到過年才有的美味飽足感，至今難忘。

也因為成長在一個大家族同居的院落裡，各家的經濟都只能維持起碼的溫飽，所以平時也只有靠著媽媽們在省錢原則下，彼此研發自製各種三餐米飯以外的副食，滿足小孩們的口慾。其中，以我的母親被公認最賢慧、最能幹，她拿手的包子、饅頭、炒麵茶粉、炒米粉、粽子、菜粿、鹹粥等，都是親友口中相傳的美食。所以，母親雖然已逝世八年多，她的手藝仍然令家人及親友懷念不已。有人說母親太沒有生意頭腦了，否則，隨便做一樣，現在可能都是傳蔭子孫的知名老店了！

我想，不止我的母親如此，台南府城很多的母親應該都是如此，所以我相信，台南小吃、美食源遠流長的味道，根本就是媽媽的味道，那是一份隨時隨地挹注滿懷、永留餘香、真情傳承、歷久彌新的美味。也因為這個滋味，吸引許多外地人不斷想來、一再品嘗。

然而生長在台南、又在故鄉跑新聞二十餘年的我，卻是「人在福中不知福」，經常在街頭隨便扒一碗肉燥飯配魚丸湯，漫不經心度過一餐，根本不在意這個店是外來客按圖索驥的美食老店！就是這種無所謂的生活態度，引來太太的譏諷怨懟：「哼！人家外地來台南才幾年的同事，早摸透了名店門路，你這個府城長大的，什麼時候帶我去吃過？」

接下《吃進大台南》這本書的撰稿任務，算是「贖罪」吧！我應該對府城的美食更用心才是，靠著採訪新聞的經驗與人脈，請在地美食達人推薦，努力逐一完成每一家的介紹，同時，也藉著採訪的機會，邀請老婆大人林玉珠同行，總算讓她見識到這些仰慕已久的小吃美味了。（其實，我是真心感謝她利用假日，陪著我完成訪談。）

在迎向台南縣市合併的大台南發展，書中分有台南人口中非吃不可的十大小吃、有吃又有玩的景點美食區、以地標為主軸的延伸網、大江南北各式風味的餐點、大宴小酌總相宜的特色人氣店等。我深感，美食是文化與經濟的綜合表現，讓人吃完還會留戀的味道，更能發揚流傳府城的文化。

蔡宗明

美食報馬仔 ------------------------------

25 位府城在地的愛呷歪嘴雞，告訴你台南的吃有多美好，跟著走一趟美食之旅！

丁仁方 崑山科大教授

- 友誠蝦仁肉圓
- 勝利早點
- 陳家蚵捲
- 佟記餡餅粥坊

李俊興 台南市省躬國小校長

- 石春臼海產粥
- 福記肉圓
- 陳記真正紅燒土魷魚羹
- 伍分菊海鮮碳烤餐廳

王方生 生物科技公司董事長

- 百年御膳養生鍋
- 深海釣客
- 永記虱目魚丸

翁資雄 書法家、退休國中校長
台灣首府大學前主任祕書

- 灣裡火城麵
- 卓家汕頭魚麵

黃佩姍 長榮女中教師

- 關廟鐵金鋼鳳梨酥
- 赤崁樓浮水花枝羹
- 矮仔成蝦仁飯
- 第三代虱目魚丸

林案倨 台灣庶民美學發展協會理事長

- 赤崁棺材板
- 阿龍香腸熟肉
- 榮盛米糕

林義泰 台南市永康區中華里長
超商負責人
- 明德雞
- 下營阿興168燻茶鵝專賣店

李章文 救國團花蓮縣團委會總幹事
- 老紳羊肉店
- 古堡蚵仔煎
- 富盛號碗粿
- 阿隆黑輪攤

林筱培 成大醫院護理師
- WiWe義法廚房
- 林記「佑」蝦餅
- 修安黑糖剉冰、扁擔豆花
- 懷舊小棧

張力中 台南一中教師、
台南啟蒙文教學會總幹事
- 酸菜老爺的店
- 懷舊小棧
- 小豪洲沙茶爐
- EVA冰淇淋泡芙
- 連得堂煎餅

楊荃寶 民生報特派員退休
UUTW新聞網總監
- 福樓小館
- 小豪洲沙茶爐

盧彥均 公關公司經理

- 和記鍋貼
- 依蕾特布丁
- 修安黑糖剉冰、扁擔豆花

李光展 資深媒體人

- EVA冰淇淋泡芙
- 福樓小館
- Dawn Room 咖啡・明堂

蔡羿嫻 旅澳學生

- 葉陶楊坊人文餐廳
- EVA冰淇淋泡芙
- 民族鍋燒意麵
- 懷舊小棧

洪玉鳳 台南市議員

- 阿鳳浮水魚羹
- 阿明豬心冬粉
- 廖家老牌鱔魚意麵
- 第三代虱目魚丸

陳淑慧 前立法委員

- 廖家老牌鱔魚意麵
- 金得春捲
- 赤崁棺材板
- 葉家小卷米粉

劉文景 紅酒經銷商

- 阿輝炒鱔魚
- 蔡三毛豬血攤
- 蠻叔虱目魚粥

盧陽正 出版社總經理

- 陳記真正紅燒土魷魚羹
- 陳家蚵捲
- 明德雞
- 深海釣客
- 百年御膳養生鍋
- 伍分菊海鮮碳烤餐廳

謝龍介 台南市議員

- 赤崁樓浮水花枝羹
- 府城黃家蝦捲
- 阿輝炒鱔魚
- 松村燻之味

林進旺 企業家

- 葉陶楊坊人文餐廳
- 大灣花生糖（進福老店）
- 阿浚師魯麵

修瑞瑩 聯合報資深記者

- 鎮傳四神湯
- 阿松割包
- 石春臼海產粥
- 民族鍋燒意麵
- 勝利早點

傅建峰 台南市安平區建平里長
團購網站長

- 東巧鴨肉羹
- 阿龍香腸熟肉
- 府城黃家蝦捲

蔡正義 醫美診所院長

- 鎮傳四神湯
- 阿鳳浮水魚羹
- 阿明豬心冬粉
- 榮盛米糕
- 老紳羊肉店
- 阿松割包

戴明輝 退休國中校長

- 雙全紅茶

魏愷仁 骨董店負責人
文物與美食鑑賞作者

- 楊哥楊嫂肉粽
- 呷霸白北浮水魚羹
- 金得春捲
- 古堡蚵仔煎

目錄 / contents

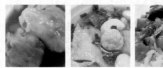

※ 本書店家的營業時間及價格僅供參考，實際請以店家公布為主。

目錄／contents

※ 本書店家的營業時間及價格僅供參考，實際請以店家公布為主。

致敬，府城美食名店年表

頂港有名聲、下港通人知，台南府城不乏傳承數十年、數百年的好味道，這世人至少慕名來呷一擺……。

再發號肉粽

創立於清朝同治期間，已有130多年歷史。傳承至今已是第四代，負責人吳立源將粽子改成比一般大許多的肉粽，因而在府城小吃中眾所皆知。

🏠 台南市民權路二段71號（總店）
☎ （06）222-3577

義豐冬瓜茶

第一代創辦人林煌，於日大正元年（1911年）創設義豐冬瓜工廠，其產業操作系統就是台灣古早的「糖間」，秉持古早糖間的作法製作冰糖，將熬製冰糖結晶後剩餘的糖漿，再加新鮮冬瓜切條下去熬煮冬瓜糖及做冬瓜露，冬瓜茶就是冬瓜露所沖製的飲料，現已傳至第五代經營。

🏠 台南市永福路二段212號
☎ （06）222-3779

阿憨鹹粥

民國40年間，鄭極老先生在民族路石精臼廣安宮廟前賣鹹粥，因他秉持誠實憨厚的敬業精神，攤子被叫作「阿憨鹹粥」，因應生意擴張，從民族路石精臼搬遷到公園南路，已由第二代完全接手經營，成為饕客口中的美食名店。而一碗鹹粥配上一根油條，則是最傳統、最正統的鹹粥吃法。

🏠 台南市公園南路169號
☎ （06）221-8699

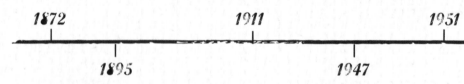

1872　　　　　　　1911　　　　　　　1951

1895　　　　　　　1947

度小月擔仔麵

清朝光緒年間（1895年），洪芋頭向福建漳州老鄉習得麵食烹飪作法，迄今流傳120多年。洪芋頭以捕魚維生，夏秋季節多颱風，無法出海捕魚，乃挑起擔子，到台南水仙宮廟前賣麵，因為是捕魚工作較淡季而度小月，所以取名為「度小月擔仔麵」。

🏠 台南市中正路16號（本店）
☎ （06）223-1744

同場加映—洪芋頭擔仔麵

🏠 台南市西門路二段273號
☎ （06）225-3505

莉莉水果店

開業至今人潮不斷，入夏以後更是熱鬧滾滾，已成台南一景。多年來，蜜豆冰、芒果牛奶冰是店內最受歡迎的熱銷冰品，共有100多種選擇，店裡水果以精挑國產優質水果為主。

🏠 台南市府前路一段199號
☎ （06）213-7522

阿霞飯店

創辦人吳錦霞一手撐起這間正宗台菜古早味名店，酸、甜、辣、醋、酸的口味，最對府城人的胃，連前總統蔣經國都曾數度造訪用餐，國內外遊客到府城也常到店裡品嘗美味，尤其日本客人最愛。阿霞姐現在已經 90 多歲，一起打拚經營的弟弟吳壽春都已退休，現由孫輩們接手經營。

🏠 台南市忠義路二段 84 巷 7 號
☎ （06）225-6789

周氏蝦捲

民國 54 年時，原是總舖師的創辦人周進根先生，閒暇時會在安平運河旁賣擔仔麵，當時除了蝦捲，還有販售多種小吃。1980 年左右，原本的蝦捲被加以改良，以新鮮蝦仁製作手法深受客人喜愛，此後店家便改以販賣蝦捲為主，「周氏蝦捲」現今已是台南知名具規模的餐飲店。

🏠 台南市安平路 408 號之 1
☎ （06）280-1304

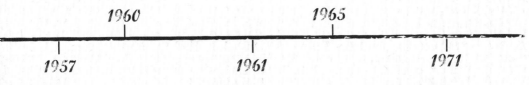

1960　　　**1965**

1957　　　**1961**　　　**1971**

黑橋牌香腸

民國 46 年，黑橋牌食品創辦人陳文輝，在台南運河旁俗稱「烏橋仔」的地方，成立了黑橋牌肉品加工店，是為「黑橋」品牌的起源，目前在安平工業區廠房有員工約 3 百人，以製作香腸聞名，標榜「用好心腸做好香腸」理念。

🏠 台南市中正路 220 號（中正門市）
☎ （06）229-5248

阿堂鹹粥

西門路、府前路口圓環上的「阿堂鹹粥」，有 50 多年歷史，是許多老台南人選擇吃早餐的地方，更吸引外地觀光客特別來品嘗美味，每天只賣到中午前，隨時有很多人排隊外帶。

🏠 台南市西門路一段 728 號
☎ （06）213-2572

同記豆花

原籍舊台南縣東山鄉的黃慶同，家中原本開設碾米廠，40 多年前偕同妻子到台南市謀生，但所得僅能餬口，於是再返鄉，向豆花師傅學習製作豆花創業，他選擇安平小漁村起家，夫婦倆各推著小推車四處叫賣，傳統口味的細嫩豆花終於獲得客人喜愛，且發揚成為府城及全國知名小吃。

🏠 台南市安北路 433 號（安平總店）
☎ （06）391-5385

第一章
十大非吃不可的府城美味

即使只是路過，一定要去品嘗；
如果停留一天，
吃10家也不嫌多。
府城十大非吃不可的美味，
是在地「美食達人團」精選出來的優等滋味，
沒吃過，別說你到過台南。

鎮傳四神湯

長長豬腸，吃得過癮

鎮傳四神湯有48年歷史，創始人張鎮奎原以手推車在民族路一帶叫賣，為武廟口的名氣小攤，現在的店面由其女兒阿美經營。「鎮傳」之名取得自父親真傳之意，其他店家都把小腸剪得斜斜、短短的，但「鎮傳」的不一樣，剪得長長的，呈現出大且多的一碗。

香Q糯米大腸一份30元，配上四神湯或綜合湯，是府城人的最愛。

一般四神湯煮法，大多是綜合薏仁、茯苓、淮山、芡實4種藥材與豬肚、豬腸燉煮，「鎮傳四神湯」再加入家傳獨門配方，新鮮小腸則是每天清晨購買現宰豬小腸處理，一條一條翻面清洗潔淨，先在沸水中燙熟，再與中藥材熬煮2個多小時，當天賣完，確保香韌嚼感，絕不冷凍留存，所以肉品市場週一休市，「鎮傳」也跟著公休。

「鎮傳」的新鮮腸子吃起來特別滑溜Q脆，濃白湯頭不油不膩，以傳統的獨門藥材燉煮而成，卻沒有什麼藥味，端上桌前滴上些許米酒提味，很適合現代人的養生食尚口味。

店內除了四神湯，另有豬肚湯、大腸頭湯及綜合湯，以及乾切大腸等，咬來都是香軟滑腴，入口馨香不膩。同樣的湯底，另有脆脆的小肚、帶筋肉、生腸等豬內臟；尤其是香 Q 糯米大腸，道地傳統製法，加了油蔥的糯米飯清蒸，淋上一些甜醬油，更加甘美可口。

1. 招牌四神湯的腸子滑溜 Q 脆，湯頭油而不膩，一碗 35 元。
2. 鎮傳每天現賣的豬腸、豬肚、筋肉是限量賣完為止。
3. 綜合湯含豬肚、腸子、筋肉，一碗 50 元。

美食報馬仔

是我喝過最濃郁的四神湯，而且一般只有豬小腸，但「鎮傳」的卻有許多選擇。

修瑞瑩
（聯合報資深記者）

來客必點招牌四神湯，豬腸特長有嚼勁，酒味稍重，可請店家調整。

蔡正義
（醫美診所院長）

美食情報站

當天限量，想吃請趁早

由於採買當天現宰的豬隻，所有食材賣完就沒了，老台南熟客通常過了下午，就不會再來，因為喜歡吃的大腸頭多半已經賣完。

INFO

🏠 台南市民族路 2 段 365 號
☎ (06) 220-9686
🕐 上午 11 時至晚上 8 時，週一公休

廖家老牌鱔魚意麵

快炒 27 秒，美味關鍵

府城炒鱔魚店攤不下百家，「廖家老牌鱔魚意麵」以其與眾不同的酸中帶甜、滿口回甘的傳統滋味，傳香百年。現任老闆廖國雄是第三代掌廚，他指著紅通通的新鮮鱔魚肉說：「鱔魚肉質細嫩鮮甜，入口時一定要有卡嗞、卡嗞的爽脆咬勁，才不會辜負了它的先天條件。」

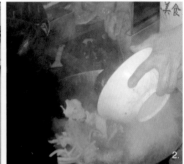

1. 第三代老闆廖國雄強調刀工、炒工迅捷俐落。
2. 炒鱔魚第一道工，熱鍋後開小火將鱔魚和配料倒進鍋內。
3. 第二道工開大火加油在烈焰中快炒數下。

野生的台灣鱔魚因稻田和沼澤地大多已被開發，數量稀少，鱔魚養殖場也不易經營，目前 A 級貨源多來自大陸，在台灣養一陣子去土味，再現宰供應，新鮮度和肉質不成問題。

炒鱔魚，講究的是大火快炒時間的拿捏，廖國雄把「老牌」快炒的速度，進步到 27 秒內。只見他在爐灶旁的大碗中準備好大蒜、洋蔥、辣椒等配料，加進鱔

美食報馬仔

老闆的快炒鱔魚堪稱一絕，遊台南一定要品嘗，順道聽老闆講述沙卡里巴的歷史。

洪玉鳳
（台南市議員）

不論乾炒鱔魚或鱔魚意麵都很道地，老闆現炒兼表演，看得過癮、吃得開心！

陳淑慧
（前立法委員）

魚肉，打開爐火後，先倒豬油，以大火燒燙炒鍋，大蒜爆香後，迅速將大碗內物料倒入鍋，快炒幾下，隨即加米酒、烏醋、醬油，再快炒兩三下，27秒內就可端出一盤煙氣瀰漫、香脆可口、色鮮味香的乾炒鱔魚意麵了。

「鱔魚要炒得沒有土味、腥味，27秒的火候，絕對是老牌的僅有，炒鱔魚到處有，這味就是不一樣！」廖國雄充滿自信地說，他炒鱔魚絕不加味精、水、粉，另外當作配料的高麗菜，也來自高山，而意麵更是特製，鬆脆的麵條生吃起來像餅乾一樣香酥，佐料的醋也是獨家調製，才有特殊酸甘甜的口感。

店內有好幾種炒鱔魚料理，除了乾炒鱔魚意麵、還有勾芡湯汁的鱔魚意麵、鱔魚湯，以及活魷魚、花枝意麵、炒花枝、炒腰只和豬心等，可依客人需求調整口味。

1. 配料中的高麗菜也一定選自高山的尖頭高麗菜。
2. 碗內待炒的鱔魚和配料色彩鮮明。

INFO ——————————
⌂ 台南市康樂市場沙卡里巴 113 號攤位
☎ (06) 224-9686
🕐 上午 11 時至晚上 9 時

美食情報站

最特別的老顧客—吳念真

由於「老牌」的名聲和「鱔魚快炒 27 秒」的工夫，在民國 87 年時，吸引《台灣念真情》節目前來拍攝，老闆因此與吳念真結緣，成了莫逆之交。每次應市府邀請，到台北參加美食文化節，吳念真一定第一個來捧場；不管吳念真在哪裡拍片肚子餓，只要吩咐一聲，老闆也會馬上炒一盤鱔魚意麵送過去給他吃。

金得春捲

清明節，日賣上萬條

在台南市，許多人想到吃潤餅（即春捲），直接就會想到永樂市場口，經營62年老字號的「金得春捲」，不但假日常見遊客按圖索驥前往品嘗，清明節當天更誇張，一萬多條春捲，不到3小時，就被排隊的人龍買光了。

金得春捲的餡料是每天採買新鮮的食材做成，有高麗菜、皇帝豆、蒜苗、炒豆干、五花肉絲、細蛋皮、蝦仁、花生粉、香菜、砂糖等，每一樣餡料都要個別處理。五花肉先以特製配料滷過再切成細條，細蛋皮需煎得薄而熟透，並散發蛋香，豆干滷過後以小火烘焙至水分散乾，花生粉則選用大粒花生仁炒熟再磨成粉。

自製春捲皮，更是經驗與技術的結合，手中抓一把麵團，同時在5、6個發燙的平盤鍋上起落抹烘，精確掌握時間，熟透立即撕起，確保麵皮完整，而且不能燒焦。

「金得」春捲最大的特色是會再加一道加熱的手續，包好的春捲，放上平底鍋稍微熱煎，增加酥脆口感，並保持溫熱，讓客人咬到酥脆的表皮後，立即吃到溫熱豐盛的餡料。如在店內品嘗，店家還免費供應由大骨、柴魚、蘿蔔熬煮的鮮美熱湯。

1. 金得春捲經過稍微熱煎後，溫熱酥黃更好吃。
2. 春捲一捲40元。。

第二代李國銘（中）接手經營，堅持傳統原味，並拓展冷凍宅配業務。

美食報馬仔

堅持傳統，用料新鮮，
微煎後口味特別香。

魏愷仁
（骨董店負責人、文物與美食鑑賞作者）

皮Q餡料新鮮、豐富，
加上特殊的微煎手續，
增加脆度，握在手中感
覺很扎實。

陳淑慧
（前立法委員）

美食情報站

冷凍宅配，方便嘗鮮
「金得春捲」平日都是現做現
賣，清明節當天則有賣冷凍春
捲，解凍後略烤或油煎即可，
現在外縣市民眾也可以訂購冷
凍宅配。

INFO ——————————

🏠 台南市民族路三段 19 號
☎ (06) 228-5397
🌙 上午 7 時 30 分至下午 5 時 30 分

石春臼海產粥

新鮮澎湃，胃口大開

海產粥和虱目魚粥，是台南人愛吃的餐點，「石春臼海產粥」以配料澎湃的新鮮美味，擄獲了府城人的心。

石春臼的海產粥，備用高湯頭是用許多柴魚在大鍋中長時間熬煮而成，客人點食時，先舀些柴魚湯底進小鐵鍋中加熱，接著放新鮮花枝、鮮蝦、蟹肉、蚵仔、蛤蜊 5 種海鮮料與湯汁一同熬煮。

事先煮好的白飯，盛入一個個大碗中，並撒上一些蒜頭酥，待海鮮料與湯頭熬煮入味了，將小鍋中的湯和料倒入飯中，撒上些芹菜與黑胡椒，一碗香噴噴的海產粥就端上桌了，客人看到滿滿整碗的海鮮料，絕對胃口大開。

滿滿一大碗海鮮料令人胃口大開，配上一盤蝦捲更覺美味，海鮮粥每碗 130 元。

美食報馬仔

台南的鹹粥是一絕，石春臼的海產粥湯鮮料美，能稱上逸品。

修瑞瑩
（聯合報資深記者）

我對吃海鮮算是內行，這家海產粥用料新鮮豐富，湯頭甜美，值得一嘗。

李俊興
（台南市省躬國小校長）

海產粥的湯頭充滿清甜的海鮮滋味，台式口感粒粒分明的粥飯，以新鮮筍絲搭配也很對味，附上一盤薑末醋，可以沾蟹肉、花枝和蝦子。老闆陳武雄自己研發的蝦捲，是以 6 或 7 隻新鮮火燒蝦，與碎肉、荸薺、五香粉、胡椒粉、蔥、蒜等攪成餡料，再以新鮮輕薄豆皮包覆，捲成條狀經油炸成金黃色，配嫩薑及含芥末的醬油食用。

1. 手腳俐落的老闆娘同時掌理數鍋。
2. 海產粥各種海鮮食材新鮮陳列。
3. 快火熱煮後，將海鮮湯料加入粥中。

美食情報站

海鮮粥配蝦捲，正港海味
滿滿一碗新鮮海產的海鮮粥，配上一份香酥可口的蝦捲，就是讓在地人讚不絕口的正港府城海鮮味！

INFO

🏠 台南市金華路四段 142 號
☎ 0929-101611
🕐 上午 11 時至下午 2 時，下午 5 時至晚上 10 時

大塊魚羹裝滿碗內，湯鮮味美，一碗 60 元。

阿鳳浮水魚羹

咬得到魚肚，滿口鮮美

台南地區是「虱目魚的故鄉」，養殖業者多，產量豐富，虱目魚吃法也多樣，其中「浮水魚羹」招牌比比皆是，老店「阿鳳浮水魚羹」則是歷史悠久，最具口碑的一家。

阿鳳浮水魚羹，目前傳至第三代，仍維持老店一貫風味，並創新改良，使魚羹更結實可口，同時拓展新商機，現在還提供顧客買回家當火鍋料。

70 幾歲的「阿鳳」每天一早仍到市場採買，並督導家人準備當天做生意的食材，將虱目魚魚背肉切割打揉成魚漿，再加入虱目魚肚肉塊和地瓜粉及少許調味料，因不加任何色素，所以魚漿顯現鮮魚白肉原色，搓成一塊一塊的魚羹，置入滾沸的熱水中，魚羹熟了浮起，就可撈起來備用。

烹煮魚羹的大鍋湯水用鹽及糖調味，再加入地瓜粉勾芡熱煮，就是一鍋清甜可口的羹湯，將魚羹放入湯中一起烹煮，讓湯和魚羹相互入味，盛入碗內，撒上一些香菜、薑絲，再淋一些黑醋和胡椒粉端上桌，碩大飽滿的魚羹中，咬得到魚肚肉塊，喝著湯汁，滿口鮮美。就是這一碗浮水魚羹，讓無數府城人走到哪裡，都難以忘懷其美味！

1. 魚羹餡料內吃得到整塊魚肉。
2. 鮮魚湯勾芡後，水煮過的魚羹再熱燙幾分鐘更鮮 Q 好吃。

美食報馬仔

> 魚漿塊裡吃得到條狀虱目魚肚肉，香脆彈牙。

蔡正義
（醫美診所院長）

> 從小吃到現在，一樣的作法，一樣的味道，是府城小吃的代表，一定要吃。

洪玉鳳
（台南市議員）

美食情報站

富含營養的台灣第一魚

虱目魚是台灣地區重要的魚種之一，有「台灣第一魚」之稱，台南地區養殖面積最大。虱目魚魚鮮肉細，營養價值高，含豐富蛋白質及維生素 A、C 及鈣、鎂、鐵等，對正在成長發育的小孩或生病受傷後的恢復期，是補充蛋白質的優良來源。煎、烤、煮、蒸、炸皆適宜，且從頭到尾皆可食用，除一般如虱目魚頭、虱目魚肚、虱目魚粥、煎虱目魚外，府城虱目魚羹也是極具特色的地方小吃，另亦可加工製成虱目魚丸、虱目魚香腸等。

INFO
- 台南市保安路 59 號
- ☎ (06) 225-6646
- 🕐 上午 7 時 30 分至隔天凌晨 0 時 30 分
  （賣完為止）

赤崁棺材板
棺材板,可口不可怕

怪怪,「棺材板」是啥東西?竟然也能吃?是的,看似起司烤吐司的「棺材板」不但能吃,而且還因創意獨具,縱使名稱不雅,也有些忌諱,卻仍以其特別的滋味,讓吃過的人印象深刻,成為府城特色小吃。

酥脆的吐司表面內含豐富餡料,使棺材板美味永傳承。

有70多年歷史的赤崁棺材板，自行研發出「棺材板」，成為鎮店招牌菜，在台南小吃界樹立不敗之名，即使其他店家也現學現賣，但要吃「棺材板」，還是要到赤崁吃才算數。

「棺材板」是參考西式酥盒的作法，將烤好的吐司麵包中央挖空，加上雞肝、墨魚和炒香的洋蔥、豌豆、紅蘿蔔及奶漿等，什錦肉餡洋溢特殊香味，推出後大受歡迎；由於這道點心的模樣有點像棺材板，老闆朋友戲稱「棺材板」，名號從此不逕而走。目前有原味和咖哩2種口味，都極受歡迎。

1. 咖哩口味棺材板，一份 60 元。
2. 棺材板內的餡料豐富美味，原味棺材板一份 60 元。
3. 「一只棺材板，兩世吃不完」是府城民眾對店家的形容。

美食情報站

棺材板的最佳吃法
依序先吃蓋子、內餡，最後再吃外皮，慢慢品嘗，細細體會它的美味。

美食報馬仔

棺材板道地老店，風味傳承超過 70 年，咖哩口味內餡很特殊。

林案偲
（台灣庶民美學發展協會理事長）

「棺材板」，只有在台南吃的最正宗，來台南一定要嘗嘗它的美味。

陳淑慧
（前立法委員）

INFO

⌂ 台南市中正路康樂市場 180 號
☎ (06) 224-0014
◕ 上午 10 時 30 分至晚上 10 時

隨著阿龍俐落的刀法，擺滿攤前的美味令人垂涎。

阿龍香腸熟肉
黑白切，20元嘗鮮

台南人愛吃的香腸熟肉，就是通稱的「黑白切」，也就是香腸、熟食內臟、加工肉類和炸物等，點心、正餐兩相宜，更是三五好友小聚的下酒菜，是府城街頭庶民美食之一。

阿龍開業已超過 80 年，算是「黑白切」的老店了，菜色多樣、口味齊全、東西新鮮，唯一缺點是停車不方便，但每樣都是 20 元，價格公道，因此每每可見排隊等候的人龍。

「阿龍」的蟳丸蒸得夠 Q，粉腸的口感也恰到好處，香腸肉肥瘦適中，蝦捲

是以傳統的網紗豬腹膜包裹,現場油炸,酥脆緊實。香Q不黏牙的花生糯米腸,是先將糯米爆香炒過,再包入煮爛的花生,極受歡迎,粉腸是以精肉自灌,生腸、花枝、鯊魚肉、豬心、豬肝、豬舌肉、魚卵等都是新鮮原味;蔬菜類的蘿蔔熬到入口即化,苦瓜、韭菜、茄子等,不管水煮或香炸,都有獨特風味。

可搭配肉燥飯加豬肚湯,其中豬肚燉得軟爛,乳白色的湯頭甘醇濃郁,入口有內臟的鮮甜和胡椒的香氣,肉燥飯則可增加飽足感。

美食報馬仔

切料豐富,標準的台南味,每一樣都嚐嚐看,再配一碗隨意加的綜合湯才夠味。

傅建峰
(台南市安平區建平里長、團購網站長)

香腸、粉腸、大腸是以獨家祕方灌製,口味獨特,來盤綜合的,沾著醬油膏和蒜泥吃,一大享受。

林案倪
(台灣庶民美學發展協會理事長)

1. 店攤前常有排隊等候的客人。
2. 香腸熟肉是府城庶民化的美食,可當小吃也可當作正餐,可單點或由老闆切綜合盤,一人份約 80～100 元。
3. 吃香腸熟肉通常都會配一碗蘿蔔加腸仔等料的熱湯,一碗約 50～60 元。

美食情報站

獨門特製的調味佐料

注重原味的香腸熟肉,當然得靠調味料相佐,「阿龍」給客人沾的是獨家特調的新鮮醬油膏,加上芥末、蒜泥和辣椒醬,味道十足。

INFO

⌂ 台南市保安路 34 號
🕐 上午 10 時 30 分至晚上 10 時

阿明豬心冬粉
鮮活原味，宵夜首選

清爽又滋補的豬心冬粉，是許多府城在地人的宵夜首選，開業 60 多年的阿明豬心冬粉店，每天從下午 6 時開賣，客人即不斷湧上門，接著一直忙到深夜……。

阿明豬心的食材以隔水加熱方式煮熟，將豬腳、豬心、豬肝、骨髓、腦髓放進鋁杯中，再將鋁杯放進滾水燙，保留食材原汁原味。

老闆說，豬心要好吃，最忌煮得太久、太老，同時強調「好吃的祕訣，就是隔水加熱！」。他先將豬心、腰只等切成薄片，放進鋁杯中，加入高湯、調味料，再將鋁杯置入滾燙大鍋湯內，燙煮約七、八分熟，內外加熱自然入味的豬心湯，原汁原味保留在鋁杯中，倒入碗內，再加上燙煮好的冬粉和薑絲、少許調味料和米酒，即成一碗香噴噴的豬心冬粉。

美食報馬仔

豬心Q脆有咬勁，湯汁鮮美，加點米酒更甘醇。

蔡正義
（醫美診所院長）

香噴噴的味道，吸引各年齡層，生意好得經常客滿，想要嘗美味，盡量避開假日晚上。

洪玉鳳
（台南市議員）

料理豬內臟很有學問，尤其台南人的口味，除了講究鮮活，更重視乾淨清爽、甘甜不膩的原味，因此一碗好吃的豬心冬粉，不但必備清澄精鮮的湯底，汆燙的豬心，更須嚼得出清脆香Q的口感，說實在，台南人這樣的吃法，簡單陽春卻幸福味十足。

除了豬心冬粉、腰只、豬肝等，阿明還賣豬骨髓、豬腦髓湯，吃起來不腥不怪，喜歡的人直稱讚「像嫩豆花入口即化，細綿滑嫩！」，另外還有清燙豬腳肉、燉鴨腳、鴨翅都是招牌菜，很快就賣光了，晚到可就沒得吃。

1. 店內無價目表，由老闆視分量結算，每項的單價在 60 元至 100 元間。
2. 每天下午 6 時前，店門一開，桌子擺上燈泡點亮，就有客人或坐或站等阿明上菜。

INFO

🏠 台南市保安路 72 號
☎ (06) 223-3741
🕐 下午 6 時至隔天凌晨 2 時

美食情報站

精準俐落的刀工

滑滑嫩嫩的豬心、腰只或豬肝等，是最不容易用刀切的內臟，但老闆黃賢明刀功俐落，精準控制肉的厚薄與切下的速度，同時熟記客人口述的點菜，還能頭腦清楚地加減乘除，算錢結帳，手、心、刀並用，一邊料理一邊招呼客人，本領高強。

榮盛米糕

香名遠播，榮登國宴

台南米糕全省有名聲，不少外地遊客到台南，只為了品嘗聞之垂涎的米糕，再配上一碗魚丸湯或魚羹，就覺得不虛此行了。

老闆郭天順用心熬煮的肉燥和自製魚鬆、醃漬蘿蔔，是榮盛米糕好吃的主因。

台南賣米糕的老店多得很，開店 70 幾年的榮盛米糕，口味備受府城人和外地遊客肯定，其來有自。兩代老闆一脈傳承，堅持「用上等料」原則，從糯米的選擇，到滷製肉燥的豬肉、香菇、蔥蒜，以及配料的魚鬆、醃漬蘿蔔片和土豆仁等，都精挑細選親自製作，以確保品質。

榮盛米糕以放置 3、4 個月的長糯米為主，因舊米米質扎實、耐蒸，也比較容易吸收肉燥的醬汁滋味。特選的糯米浸洗 2 小時後，入鍋蒸炊、煮熟，並持續放在鍋內保溫、保濕，維持香 Q 口感。

主要配料的肉燥，嚴選新鮮豬體的糟頭肉，即後頸肩背部剁碎，加蔥、蒜炒過爆香，再放置通風處 2 天，讓肉燥入味後，加香菇、滷蛋慢燉細熬，即成一鍋香噴噴的肉燥。在蒸熟的香 Q 糯米上澆淋肉燥、放上香菇，添加土豆仁、魚鬆、幾片醃蘿蔔，就成了榮登國宴的榮盛米糕，搭配一碗魚丸湯，更能吃出美味和飽足感。

1. 吃米糕必配的綜合湯，一碗 25 元。
2. 肉燥、香菇、魚鬆蓋得滿滿的榮盛米糕，一碗 40 元。
3. 米糕以麻竹筍葉包裹，更保風味。

美食報馬仔

現吃味道最佳，配碗魚丸湯，更有飽足感。

蔡正義
（醫美診所院長）

配料豐富實在，肉燥口味絕佳，不油膩、不鹹澀，配上魚丸湯更爽口。

林案倨
（台灣庶民美學發展協會理事長）

美食情報站

外帶米糕增添竹葉香
外帶的米糕以粽葉包裹，隔 1 小時後食用，竹葉香滲入米糕內，混合著肉燥香，美味誘人；顧客買回家，冰存後只要放到電鍋蒸，即可食用。

INFO

🏠 台南市中正路康樂市場沙卡里巴 106 號攤位
☎ (06) 220-9545
🕐 上午 10 時至晚上 7 時 30 分

阿松割包
自醃配菜，畫龍點睛

台南老字號知名小吃阿松割包，循福州傳統作法，大而有料的割包，清爽不油膩，配上免費鮮肉高湯，美味令人難忘。

1. 免費附贈的湯，甘甜爽口。
2. 阿松割包生意好，第三代林晃輝（左）準備接棒。

阿松割包依內餡分成豬舌包、瘦肉包與普通包3種。豬舌、豬肉等先用當歸、八角等中藥材熬煮3、4個小時，再以紅糖燉滷1小時，相當入味，之前熬煮出來的湯，就用來吃割包時免費配喝，甘甜爽口。

割包上層添加的蘿蔔片和酸菜，都是店家自己醃製的，新鮮酸菜浸水退鹹後，加油、辣椒、糖炒過，特別爽口。而蘿蔔片則選用新鮮多汁的蘿蔔切片醃製，酸中帶甜，配上獨特的花生醬汁，在口裡嚼食，美味無比！

美食報馬仔

老闆選肉的精細別家比不上，隨包附贈的一小碗清湯，也別具風味。

修瑞瑩
（聯合報資深記者）

紅糟肉入口即化，附贈原汁湯可續碗。

蔡正義
（醫美診所院長）

美食情報站

尾牙吃「虎咬豬」迎好運

割包據說是大陸熱河省承德市傳出來的古老美味,乾隆時被納入宮廷御膳之列,成為貴族們喜愛的美食。因割包是將饅頭剝開放入滷肉片、鹹酸菜、花生粉、糖、香菜等為餡,形狀如錢包,所以尾牙時有吃割包的習俗,象徵發財,討個吉利。傳到台灣後,因其外觀,有人稱為「虎咬豬」,在尾牙時吃「虎咬豬」,也有將一整年不好的事全部吃掉的象徵,以迎接來年事事順利。

1. 阿松割包內餡豐富,配上熬肉的清湯更美味,瘦肉割包一份2個80元。
2. 割包內的紅糖燉肉營養可口。
3. 阿松割包第二代老闆娘黃秀錦,每天做割包的手忙個不停。
4. 自家醃製的蘿蔔片為割包增加美味。

INFO

⌂ 台南市國華街三段 181 號

☎ (06) 211-0453

● 上午 8 時至下午 6 時,週四公休

第二章
四個邊吃邊玩的旅遊據點

深度的文化內涵加上多樣的特色美食，
融合出古都無與倫比的迷人魅力。
文化與美食是台南人引以為傲的兩大資產，
當我們沉浸在府城的古都氛圍時，
別忘了以味蕾記憶一段又一段屬於府城的精采故事。

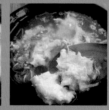

純手工製作的福記肉圓，等待蒸煮。

福記肉圓

皮Q肉香，蒸好吃

府城賣的肉圓以蒸的為主，其中創立 40 多年、位在孔廟對面的「福記肉圓」，不僅在地人捧場，每逢假日更吸引大量遊客光顧。

福記肉圓是從屏東肉圓改良而來的，外皮選用優質在來老米，研磨成米漿，添加番薯粉，增加黏合度與韌度，再蒸煮 2 個小時而成。

老闆強調整粒的結構是半皮半肉，除了外皮軟 Q 外，飽滿的內餡，採用的是上選的豬腰內瘦肉，切成長方形肉丁狀，加上醬油、糖、油蔥和不能公開的調味料醃浸攪拌，為了強調肉香，餡料沒有混搭青菜、洋蔥，手工捏製完成

肉圓形狀後，再蒸煮 20 分鐘，一粒粒熱騰騰、香噴噴的肉圓即出爐。櫃台前有免費喝到飽的大骨熬煮清湯，一定要撒上芹菜末，配著肉圓一口一口喝，可吃出肉圓的肉香和清湯的芬芳餘味。

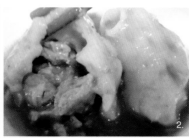

1. 老闆快速地製作一個個肉圓。
2. 福記肉圓沾特製醬料，很對味。肉圓內餡扎實，一份 2 粒 40 元。
3. 肉圓配大骨湯是店內招牌。

美食情報站

王建民最愛的點心
福記肉圓創始店就位在「台灣之光」王建民的母校建興國中隔壁，當年王建民和棒球隊的同學們，練球後一定會到這裡先吃 2 粒肉圓，再回家吃晚餐，可說是王建民的最愛點心。

美食報馬仔

外皮 Q 軟、內餡緊實、肉香撲鼻，吃一份當點心，吃兩份剛好飽。

李俊興
（台南市省躬國小校長）

INFO

🏠 台南市府前路一段 215 號（本店）
☎ (06) 215-7157
🕐 上午 6 時 30 分至下午 6 時

🏠 台南市府前路一段 299 號（分店）
☎ (06) 215-8199
🕐 下午 11 時 30 分至下午 9 時

永記虱目魚丸
僅此一家，別無分號

台南地區盛產虱目魚，以虱目魚為食材衍生出來的虱目魚粥、鹹粥、虱目魚丸湯、浮水魚羹等，在台南人生活飲食中占重要分量，更發展成為府城小吃，甚至是台灣小吃的一大特色。

所有食材幾乎都是老闆自己處理。

台南市賣虱目魚丸湯歷史最久、最有名的首推劉家,「永記」、位在忠義路二段 84 巷天壇前的魚丸湯、「第三代」及「阿川」都系出同門,可以說是一味相承。

「永記」所有食材,幾乎都由老闆自己動手處理,包括削虱目魚皮、製作魚漿、魚丸、肉丸及肉餃等,都不假手他人,同時也不直接放味素在食材及成品內,由客人自己決定加不加。為堅持品質,因此不開分店,產品也不量產放在一般賣場出售,所以每到假日,要到「永記」飽餐一頓,還得抽號碼牌等呢!

「永記」的招牌是綜合湯、粉腸、肉燥飯,吃一碗香味四溢、油而不膩的肉燥飯,再加一碗綜合湯,吃了讓人有種幸福的感覺。

1. 綜合湯內含魚丸、魚皮、魚肚、粉蒸、肉餃,一碗 100 元。
2. 肉燥飯配魚丸湯是永記的招牌,肉燥飯一碗 20 元。
3. 老闆劉永順堅守傳統原味、注入現代化元素,讓永記虱目魚美味,深深吸引顧客。
4. 永記的肉燥香味四溢、油而不膩。

美食情報站

饕客必點的好料

「永記」的綜合湯,以大骨和虱目魚骨連續熬煮數小時的湯為底,加上魚丸、魚肚、魚皮及肉餃等,店內好料都包括在內,其中裹粉處理過的虱目魚皮、魚肚,沾著醬油及豆瓣醬吃,口感極佳,而湯頭佐味除了有蔥、芹菜外還會加些韭菜,更添風味。

INFO ─────

⌂ 台南市開山路 82 之 1 號
☎ (06) 222-3325
🕐 上午 6 時 30 分至下午 1 時

美食報馬仔

魚丸 Q、魚肉鮮,配上肉燥飯,真好吃!

王方生
(生物科技公司董事長)

第三代虱目魚丸

人氣脆丸會微笑

與開山路的「永記」系出同門的「第三代虱目魚丸店」，除秉持虱目魚傳統味道外，並加以改良及研發相關產品，如純魚漿製作的虱目魚脆丸、燕餃、魚肚、魚皮等，搭配肉燥飯一起享用，格外美味可口。

吃肉燥飯配綜合湯，是最道地的吃法。

第三代虱目魚丸湯的湯底是用虱目魚背骨，加上當季鮮甜的根莖類蔬菜，與大骨一起熬煮 6 小時而成，味道自然甘甜。而魚漿、魚丸、燕餃的製作，則是將虱目魚背肉剝下後，將魚肉連刺帶肉攪拌打成魚漿，不加澱粉及硼砂、防腐劑，直接做成店內人氣虱目魚脆丸，造型彎彎、口感鮮脆，既像元寶，又像微笑的模樣。

「第三代」推出的特色餐點有超值魚丸湯套餐，包含魚丸湯、肉燥飯、油豆腐、滷蛋、燙青菜、油條、滷豬腸組合。人氣最旺的則是招牌綜合湯，內含魚肚、魚皮、粉蒸、燕餃、虱目魚丸、蝦丸、肉丸，以及由虱目魚丸、蝦丸、肉丸組成的三色魚丸湯。另有單點魚腸、魚肚、魚皮、粉蒸、燕餃、骨肉、脆腸等。

1. 肉燥飯香醇可口，油而不膩，一碗 20 元。
2. 招牌綜合湯內容豐富、美味爽口，綜合湯一碗 100 元。

美食報馬仔

老闆家傳的多種虱目魚美食，在店裡都吃得到，肉燥飯配綜合湯，讚！

洪玉鳳
（台南市議員）

點碗肉燥飯，一碗可以自由加料的魚丸或魚內臟湯，外加滷油豆腐或滷小腸，絕對讓你大大地滿足。

黃佩姍
（長榮女中教師）

美食情報站

虱目魚的由來

相傳鄭成功從鹿耳門登陸台灣時，受到漁民歡迎，漁民便獻上當時公認最營養、最好吃的魚種給鄭成功，當時鄭成功順口問了一句「什麼魚？」，可能是因為口音太重了，漁民們聽成了「虱目魚」，認為是國姓爺為這魚賜名為「虱目魚」，沿用至今。

INFO ────────────
🏠 台南市府前路一段 210 號
☎ (06)221-4690
🕐 上午 6 時至下午 2 時
────────────────

友誠蝦仁肉圓
現包現蒸，新鮮零時差

「友誠蝦仁肉圓」與民權路上「建國蝦仁肉圓」，同樣起源於早期府城聞
名的「蘇仔肉圓」，其實距離延平郡王祠較近，但是沉浸過孔廟文化的遊
客，沿著府前路，或穿過府中街，沿著開山路往府前路方向走，不久就可
以到「友誠」，不妨品嘗一下獨特的蝦仁肉圓和香菇肉羹的美味，再到延
平郡王祠參拜。

友誠蝦仁肉圓選用囤放一年以上、黏合性佳的舊在來米，磨成米漿再加入
地瓜粉增加外皮韌度。皮內餡料以當天採購的新鮮蝦仁抽沙處理後，與
每天現滷的肉燥，混合為內餡，口味扎實濃醇，蒸出來的肉圓皮 Q 餡香。

在店門口現包製作肉圓，新鮮看得見。

「友誠」由專人在店門前騎樓下，現場包製蝦仁肉圓，米漿、蝦仁、肉燥等餡料都擺在客人眼前，負責製作的阿桑，把米漿倒入圓錐形的模型內，放入餡料再覆上一層米漿，然後將成形的蝦仁肉圓挖起，放入蒸籠中，以靈活的手工一個一個捏製而成，蒸熟後的肉圓，3 粒一份端上桌，淋上獨家調製的蝦醬，香 Q 細嫩、內餡鮮美，也可再加蒜泥、芥末提味。

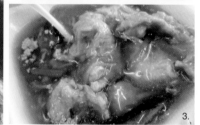

1. 蝦仁肉圓一份 3 粒 50 元。
2. 現包的一粒粒肉圓，隨即放入蒸籠中現蒸。
3. 香菇肉羹吃得到大塊肉羹，一碗 40 元。

美食報馬仔

現包現蒸的肉圓很新鮮，皮薄料實，吃得到大塊蝦肉，沾醬風味獨特。

丁仁方
（崑山科大教授）

美食情報站
最道地的吃法
吃一客蝦仁肉圓，配一碗香菇肉羹，可增加飽足感。肉羹是以黑豬肉切塊、裹上魚漿及地瓜粉製成。烹煮肉羹的湯汁，加入竹筍絲、香菇、扁魚、大白菜等勾芡而成肉羹湯，大塊肉羹加上美味蝦仁肉圓，齒頰留香。

INFO
🏠 台南市開山路 118 號
☎ (06) 224-4580
🕐 上午 9 時 30 分至晚上 8 時

楊哥楊嫂肉粽
料好實在的三代同堂粽

「楊哥楊嫂肉粽店」採複合式經營，店裡除了賣傳統口味的菜粽、肉粽，還開發了許多新口味，其中，外型小巧可愛，料又實在的小肉粽，一顆18元，更是供不應求的長銷粽品。

有 40多年歷史的「楊哥楊嫂」，原經營雜貨店，應店面附近建築工人要求，開始賣起肉粽，煮好的肉粽一串串地掛在屋前的大榕樹樹枝上，大家便叫這是「樹頭仔肉粽」。

剛開始，顧客以附近建築工人為主，漸漸地，樹上掛滿肉粽的景象引起路人好奇，便買來吃，「樹頭仔肉粽」的名聲因而廣為人知，之後，生意愈做愈大，就以客人對老闆夫婦的稱呼「楊哥楊嫂」作為店名。

每顆粽子包好後會秤重，不足重量則會加料重包。

「楊哥楊嫂」最注重肉粽的口感，糯米選用上等優質米，內餡有香菇、滷肉、蛋黃、栗子、花生，都是新鮮高級貨，瘦肉都經特殊配料醃製，肉質彈性佳，肥肉則在前一日先和香菇炒熟，使肉粽呈現 2 種不同的口感。且為維持料好實在的信譽，每一顆粽子包完之後一定秤重，不足重量的粽子必重新加料包裝。

肉粽也以個頭大小突顯創意，如大粽子「狀元粽」餡料豐富，含干貝、栗子、蛋黃、香菇、花生、瘦肉、肥肉、魷魚等，很多學校在考季時預訂「狀元粽」給學生吃，討個「包中」吉利；而小粽子是「一口巧粽」，餡料精緻。楊家自稱賣的是「三代同堂粽」，大中小都有，每種都讓人吃了還想再吃！

1. 楊哥楊嫂肉粽種類和口味多元，符合現代人不同需求。
2. 招牌狀元粽一粒 120 元、特製肉粽一粒 60 元、小肉粽一粒 18 元。

美食報馬仔

肉粽種類多，糯米香Q、餡料實在，宅急便服務在 20 小時內可送達嘗鮮。

魏愷仁
（骨董店負責人、文物與美食鑑賞作者）

美食情報站

主打的特製肉粽

特製肉粽以醃製一天以上的瘦肉，加上栗子、花生、蛋黃和香菇等食材，再以南部傳統水煮粽作法加熱，口感 Q，香而不膩，甘甜順喉，是店內肉粽主要特色之一。另外針對不同族群，研發多元口味的粽品，如綠豆粽、五穀粽、紫米粽等，以滿足現代人講究健康養生的需求。

INFO

🏠 台南市慶中街 41 號 1 樓
☎ (06) 214-1742
🕐 上午 7 時至晚上 9 時

EVA 冰淇淋泡芙
「意外」造就鎮店之寶

台南除了傳統小吃，更有美味的西式糕點，位於慶中街與台南大學毗鄰的「EVA冰淇淋泡芙」，店面不大且限量生產，但靠著口耳相傳而暴紅，只要吃過的人都變成老主顧。

從夜市擺攤起家的「EVA」，2004年在現址開店，因為老闆娘愛吃泡芙，店內除了蛋糕，另研發販售老闆娘勾勒出來的夢幻泡芙。老闆娘鄭如砡說，她從小最愛吃泡芙，有一天她告訴先生，想要吃到外酥內軟、甜而不膩、不用奶油卻要有「奶油感」的泡芙，就為了這句話，老闆邱俊明研發出每個約成人手掌自然張開般大小、外皮似法式麵包口感、以3種品牌鮮奶調製成最佳口感的鮮奶泡芙。

冰淇淋泡芙有原味牛奶、純巧克力、薄荷巧克力、芒果、抹茶等口味，每個價格從50元到65元不等。

然而，鮮奶泡芙演變成現在人氣最旺的鎮店之寶——鮮牛奶冰淇淋泡芙，卻純粹是個意外。原來，鄭如砡忙中有錯，將原本該冷藏的鮮奶泡芙冰到冷凍庫，當客人前來取貨時，發現泡芙硬得連刀都切不下去。幸好，碰上的是好脾氣且勇於嘗鮮的老主顧，經半小時回溫後切開試吃，意外發現別有一番滋味。

原味牛奶冰淇淋泡芙香濃可口，慢慢解凍後食用，風味更佳。

泡芙好吃與否，內餡是重點。有別於坊間冰淇淋泡芙多半是加入現成的桶裝冰淇淋，「EVA」的冰淇淋餡料則由手工攪拌、填充飽滿後急速冷凍，在鮮奶的用料上更是講究。老闆邱俊明說，國產鮮乳的品質與產量依季節而變化，各品牌調製口感、濃度也不一，因此他堅持以 3 種品牌調配出最佳香氣、濃度與口感的鮮奶，純手工限量，售完為止，是「EVA」堅持品質的原則。

老闆娘鄭如砡每天坐鎮櫃台，為客人介紹「如何吃美味的冰淇淋泡芙」，包括取貨後務必冷凍，並建議要依天候不同和路途遠近，以 20 至 30 分鐘的回溫時間最好吃。遇到急著吃的客人，她還會忍不住制止「慢慢來！」

美食報馬仔

我不太喜歡吃冰的甜食，但嘗過 EVA 的冰淇淋泡芙，感覺很不錯。

李光展
（資深媒體人）

外表不起眼的排隊名店，要買到想吃的口味，還得提早卡位！

蔡羿嫻
（旅澳學生）

純手工製作，產量有限，全國別無分店。

張力中
（台南一中教師、台南啟蒙文教學會總幹事）

美食情報站

各種口味任選
店內冰淇淋泡芙以牛奶口味最受歡迎，抹茶口味茶香細緻無苦味，薄荷巧克力冰淇淋泡芙則有別於一般店家的綠色，因為未添加色素而呈現淡淡的米白色。

INFO ————————
⌂ 台南市慶中街 198 號
☎ (06) 213-5159
🕐 上午 11 時至售完為止

府中街台灣黑輪店充滿鄉土味特色。

府中街特色餐飲店

吃吃喝喝，漫步老街

孔廟文化園區對面的府中街，結合孔廟、古蹟與特色小店，成為台南市新興的熱鬧街區。青少年學生、觀光客去過孔廟後，接著逛逛富有府城在地風味的特色商店、餐飲店，漫步在古老的街道上，享受另一種休閒風情。

1. 保哥黑輪，以古典藝術擺飾及竹子鋪陳用餐環境。
2. 從「泮宮」牌坊走入府中街，品嚐府城融合古今的小吃文化。
3. 各式不同風格的餐飲店家，讓府中街充滿多元風味。

府中街特色餐飲店之一的「保哥黑輪」，以古典藝術擺飾及竹子鋪陳用餐環境，主賣台式風味關東煮，以及創意炒泡麵和新開發的蓮藕、昆布、香菇南瓜子丸、蝦丸、高麗菜捲、米血糕等。

在開山路端的「台灣黑輪」，則走純樸古意的懷舊風，竹製矮桌椅隨意坐，讓客人有親切感，更特別的是各式熱呼呼的關東煮和燒烤，分別以 2 元、5 元招徠客人，精熬高湯隨你喝，很受青少年族群歡迎。

在府中街、南門路口的「不老莊藥膳香腸」，採用現宰新鮮豬肉，加上養生中藥材調配製成，吃起來口感特殊，有別於甜味較重的其他老牌香腸，但香味十足，爽口不油膩，有藥膳原味、藥膳辣味香腸、紅麴香腸、黑胡椒香腸、泡菜香腸、土豆豬腳凍香腸等 10 種口味可供挑選。

INFO

⌂ 台南市府中街、南門路與開山路之間（孔廟對面）

🕐 週六、日及假日為主

順天冰棒/芳苑冰棒/太陽牌冰品

真材實料，人氣老冰店

順天、芳苑、太陽城，是府城人氣最旺的 3 家老牌冰品店，業者都強調堅持數十年傳統，以真材實料贏得口碑，不但吸引老顧客上門，還可以宅急便寄給遠方親友，分享來自府城的涼意。

芳苑冰棒，傳統原味一支 12 元，牛奶口味一支 15 元，蛋黃腰果、杏仁蛋黃一支 20 元。

位在開山路延平郡王祠對面小巷內的「順天冰棒」，店面雖不起眼，但一支支晶瑩剔透、冰涼清爽的可口冰棒，卻是許多台南人兒時共同的記憶。至今走過半個世紀，仍堅持以 RO 逆滲透的開水純手工製作，用料實在，像李鹹冰棒選的是去籽李子，每咬一口都吃得到李子肉；芋頭冰棒用的是大甲芋頭，花生冰棒選用顆粒大又飽滿的花生仁，炒香後攪碎再加入牛奶急速

冷凍。為確保新鮮，10 幾種口味的原料，都在製冰前一天才以鍋爐煮好、備妥，因此產量有限，現製現賣。

在開山路接近民生綠園的「芳苑冰棒」，也有 50 年歷史，秉持「不讓自己孩子吃的東西，不可以做出來賣給客人吃」原則，堅持使用純糖、燒開水，手工製作，不添加任何化學原料。除了紅豆、綠豆、花生、芋頭、檸檬等傳統口味，並研發多種新口味，如近年頗受歡迎的蛋黃腰果、杏仁蛋黃冰棒，利用鹹蛋黃提味，風味特殊，並另創品牌「詠純」製作冰淇淋系列產品。

民權路一段的太陽牌冰店，也是 50 年老店，一直維持芋冰、冰棒、草湖芋仔冰和加牛奶的各種口味冰棒，近年開發的紅豆牛奶霜，是將牛奶打發後，冷凍成塊狀奶霜，加上煉乳、紅豆、花生，因紅豆熬得夠香，奶霜細緻爽口、香氣十足，相當賣座。

美食情報站

名人也愛的兒時滋味

前立法委員沈富雄，小時候就住在順天冰棒同條巷子裡，沈富雄回台南市時，常會抽空到順天吃一支冰棒，回味一下年少的清涼時光。

1. 順天紅豆冰棒保留傳統原味，一支 19 元。
2. 到府城一遊，總要品嘗一支老店傳統風味冰棒。
3. 許多人從小吃到大的順天冰棒，強調真材實料。

INFO 順天冰棒 ────────
⌂ 台南市開山路 151 巷 7 號之 1
☎ (06) 213-5685
◕ 上午 9 時至晚上 9 時

INFO 芳苑冰棒 ────────
⌂ 台南市開山路 6 號
☎ (06) 227-2047
◕ 上午 9 時 30 分至晚上 10 時

INFO 太陽牌冰品 ────────
⌂ 台南市民權路一段 41 號
☎ (06) 225-9375
◕ 上午 10 時至晚上 9 時 30 分

品質優的意麵，快火燒煮後，陸續加入各項食材配料。

民族鍋燒意麵
現熬湯頭，鍋燒美味

遊罷台南市一級古蹟赤崁樓的民眾，經過赤崁東街時，常會聞到陣陣香氣，隨後映入眼簾的即是內外都滿座，外加排隊等候人潮的「民族鍋燒店」。

鍋燒意麵好吃的關鍵，在於湯頭的味道。「民族鍋燒意麵」的湯頭是每天清晨耗費3、4個小時，用大量柴魚熬成的，客人點食後，在鍋內舀入高湯，快速加熱煮沸，置入油炸過的乾意麵團，以及一塊魚板、一塊旗魚炸天婦羅和鮮蝦炸物，等湯鍋再滾沸，立即打顆雞蛋下去，隨即將湯鍋關火離爐，倒入盛有青菜的大碗內，再撒些蔥花。

呈現少許濁黃色澤的意麵，正是快火鍋燒後，意麵和所有內容物美味的展現，清而不膩的湯頭，比其他的鍋燒意麵更具鮮味，炸天婦羅或炸蝦，也都能吃出濃濃的日式風味，喜歡辣味的可再加些辣椒細末，會更順口。

除了最受歡迎的招牌鍋燒意麵外，店內另有鍋燒大麵、鍋燒米粉和雞絲麵、魚餃意麵等等，都是客人排隊等著吃的美食。

1. 炸過的乾意麵團經過烹煮後會吸入湯汁，甘美又有咬勁。
2. 鮮脆可口的活魷魚，一盤 70 元。
3. 招牌鍋燒意麵湯鮮味美，一碗 70 元。

美食報馬仔

改變一般人對鍋燒麵的印象，湯頭現熬，配料現炸，每天都擠滿觀光客。

修瑞瑩
（聯合報資深記者）

在地人、外來遊客都愛呷，鍋燒意麵配魷魚，更是道地吃法。

蔡羿嫻
（旅澳學生）

美食情報站

大又鮮的炸物配菜

鍋燒意麵隨處可見，但吃過「民族」老店的人都説，這裡的旗魚天婦羅和鮮蝦炸物，特別大又鮮，意麵麵條吸入湯汁美味，入口甘香咬勁佳，蛋黃軟香滑嫩，流出的蛋液使湯汁更加香郁，再叫一份活魷魚，麵湯伴著新鮮有彈性的魷魚切片，更是一大享受。

INFO ───────
🏠 台南市赤崁東街 2 號
☎ (06) 222-7654
🕐 上午 11 時至晚上 11 時，週一公休

呷霸白北浮水魚羹

現煮魚羹，營養鮮甜

位於一級古蹟赤崁樓對面、武廟旁的「呷霸白北浮水魚羹」，以價格昂貴的白北魚絞漿，純手工製作魚羹，口味特殊，獨樹一格，因位居觀光要津，除了府城民眾經常光顧，更吸引眾多外地遊客嘗鮮。

白北浮水魚羹湯汁鮮甜、魚羹 Q 軟可口。

生長於安平海邊的老闆歐進妙，國中畢業後，就跟著父親在安平賣白北魚羹，了解白北魚的生態，他從殺魚、切片、絞漿、燜煮魚骨湯、煮魚羹，都親自在店內手工製作。歐老闆說，白北魚連魚皮都具備豐富油質和營養，絞製魚漿時還要加入蛋汁，用手輕輕攪拌，以免破壞組織，如此才能讓客人品嘗新鮮鬆脆的肉質。

客人點餐後，老闆歐進妙將魚漿捏成一塊一塊，丟入滾熱的水中現煮，魚羹

熟了即浮在滾水中，亦即浮水魚羹名稱的由來。因為白北魚肉具有鮮甜味，用魚骨熬煮的高湯，根本不必添加佐料，勾芡後以少許冰糖提味，將 Q 軟的魚羹加入鮮甜的湯汁內，就是一碗可口的白北浮水魚羹。

叫一碗白北魚羹，再配上一盤米粉炒，好吃不貴，讓人百吃不厭；若不想吃太飽，則可搭配蝦捲吃，也很速配。

1. 老闆歐進妙在客人點餐後烹煮魚羹。
2. 「呷霸」位在赤崁樓正對面。
3. 店家特製的蝦捲。
4. 米粉炒清爽可口。

美食報馬仔

新鮮白北魚打漿、熬湯，羹湯清甜爽口、魚羹新鮮 Q 軟。

魏愷仁
（骨董店負責人、文物與美食鑑賞作者）

美食情報站

肉質肥美的白北魚

「白北魚」也就是通稱的白腹魚，秋冬之際在台灣沿海產量多，尤以洄游於澎湖海域的白腹魚，因適值成長期，肉質相當肥美，屬高經濟價值的魚種。

INFO

⌂ 台南市民族路二段 343 號
☎ (06) 223-3634
🕐 上午 9 時至晚上 8 時 30 分

赤崁樓浮水花枝羹
真材實料，每口咬得到花枝

創立於 1986 年的「赤崁樓浮水花枝羹」，位在一級古蹟赤崁樓旁，在府城小吃界的輩分不是「老字號」級，只能算「中古的」，但因占有地利，仍散發濃濃古早味，其真材實料的花枝羹更是當地小吃列強鼎立下的超人氣美食。

店內招牌料理「浮水花枝羹」，以嚴選的新鮮花枝剝皮切塊，倒入鹽水，用機器攪動拍打，使肉質扎實清脆，將花枝肉塊沾裹新鮮的虱目魚漿，一塊一塊放入沸水中煮熟，浮上水面，即是通稱的「浮水」。浮水後撈起，等待冷卻再泡入冰水中，以增加脆實口感與嚼勁。

花枝魚漿脆實且帶有嚼勁。

原先煮花枝魚漿的鮮甜鍋湯，加入筍絲及柴魚熬煮，再攪拌均勻、勾芡，而成美味羹湯，將花枝羹與羹湯一起慢火燉煮，加入香菜、烏醋，就是一碗料多豐富的浮水花枝羹，每一塊花枝魚漿咬下去，裡頭都有整塊新鮮彈牙的花枝。花枝羹可加油麵或米粉，增添飽足感。

1. 花枝裹魚漿煮熟浮水以後撈起，冷卻後放進美味羹湯中慢火燉煮。
2. 浮水花枝羹內餡吃得到新鮮厚實的花枝肉塊，一碗 75 元。

美食報馬仔

又大又脆的花枝塊，實在太讚了！羹湯不會太甜還帶有濃濃得柴魚香，非常爽口。

黃佩姍
（長榮女中教師）

Q軟的漿塊裡吃得到整塊花枝，是台南羹的代表作。

謝龍介
（台南市議員）

美食情報站

茶碗蒸與三寶飯具人氣

老闆精選蛤蜊、香菇、香菇腿、魚板等多種食材，製作口味特殊、滑溜爽口的茶碗蒸，也是店內頗具人氣的招牌之一，值得一試。另外，以芋頭、肉絲、蝦仁，配上青豆仁、紅蘿蔔等製成的三寶飯也很受歡迎。

INFO ─────────

⌂ 台南市民族路二段 216 號
☎ （06）229-2975
🕐 上午 8 時至晚上 10 時 30 分

林孟益是老牌羊肉店創辦人的後代，傳承手藝自創事業。

老紳羊肉店
不吃羊肉者，一試成主顧

一踏進位在赤崁文化園區美食商圈的「老紳羊肉店」，就能聞到炒羊肉的香味，不同於其他羊肉店簡易設備中，隱約透出的一股羊騷味，改變了顧客對路邊羊肉小吃攤的印象。

老紳羊肉店，多年前改名、重新裝潢，七年級的年輕店長林孟益傳承老店炒羊肉的技巧和風味，但強調在堅守原味中，加入自己的風格和創意。來到店裡，可先來一盤澳洲進口羊肉切成柔嫩薄片的炒羊肉，沾上特製豆瓣醬細細品嘗，聞不到腥羶味，反而有股淡淡的羊肉香甜，口感相當特殊。以

新鮮芥蘭、洋蔥烈火快炒的炒芥蘭羊肉、蔥爆羊肉和炒麻油羊肉，其香味讓原本不吃羊肉的客人，也成了忠實顧客。

「老紳」的當歸羊肉、羊排、大骨湯等湯類，以 RO 逆滲透水和羊大骨熬煮 10 幾個小時以上，加入純天然中藥食材提味，佐以祖傳獨家祕方料理，湯鮮味美，沒有一般特地加濃的當歸味，入喉餘味猶存，羊排肉、羊骨筋肉香醇有嚼勁，只吃一碗鐵定不過癮！

1. 大骨湯一碗 60 元。
2. 涼拌羊肚一盤 120 元。
3. 蔥爆羊肉一盤 120 元。
4. 炒芥蘭羊肉，大盤 120 元、小盤 100 元。

美食報馬仔

招牌人氣套餐 3 菜 1 湯，2 人共享剛剛好。

李章文
（救國團花蓮縣團委會總幹事）

熱炒羊肉只有肉香，沒有羊騷味，鮮美大骨湯我最愛。

蔡正義
（醫美診所院長）

美食情報站

超值的羊春全壘打餐
想多嘗幾種美味，建議點方便分食的羊肉套餐，人氣最旺的有 3 人份的炒芥蘭羊肉、蔥爆羊肉、涼拌羊肚加當歸大骨湯和白飯，老闆稱這份套餐是「羊春全壘打餐」，物超所值。

INFO ————
🏠 台南市民族路二段 301 號
☎ (06) 211-1498
🕐 上午 11 時至下午 2 時，下午 4 時 30 分至晚上 11 時

東巧鴨肉羹
一鴨多吃，回味無窮

位在赤崁樓對面、武廟左前方，有一隻大鴨子作為店招的「東巧鴨肉羹」，開業 30 幾年，以其獨特的鴨肉口感和羹湯美味，擄獲不少老饕的心，有很多顧客從小吃到大，結婚後到外地工作、居住，還會帶著小孩來回味童年美好滋味。

老闆娘紀金賢說，要做出好吃的鴨肉羹，其實沒有什麼祕訣或獨家祕方，就是用心去做，維持品質及衛生。她每天一大早將新鮮現宰的 40、50 隻鴨子處理洗淨後，同時放進大鍋爐燉煮 2 個多小時，高湯加入仔細挑選的白蘿蔔與糖、醋等調味料、地瓜粉勾芡成濃稠甘醇的湯頭後，再與鴨肉切片慢火熬煮，客人點食後，淋上黑醋、撒上一些薑絲，就是一碗可口的鴨肉羹。

1. 鴨肉羹內的鴨肉片肉質鮮美。
2. 鴨肝腱也很受歡迎，一盤 55 元(小)、70 元(中)、100 元(大)。
3. 鴨肉羹一碗 55 元(小)、70 元(中)。

老闆娘紀金賢掌控大鍋鴨肉羹火候,隨時新鮮上桌。

【美食報馬仔】

一鴨多吃,肉質、
口味均佳,每一項
都值得嘗試。

傅建峰
(台南市安平區建平里長、團購網站長)

【美食情報站】

多種美味選擇

菜單種類甚多,包括鴨肉米粉羹、麵
羹、鴨肉飯羹、鴨肉冬粉羹及肝羹、
腱羹,以及鴨肉湯、鴨肉冬粉和乾切
鴨肉、肝腱、鴨腸、肉燥飯和米血等,
每一樣都很受顧客歡迎,每到假日,
一天可賣上百隻鴨子。

INFO

⌂ 台南市永福路二段 194 號

☎ (06) 228-6611

🕐 上午 10 時至晚上 7 時

魯麵一碗 55 元（小）、70 元（大），加蛋加 10 元。

阿浚師魯麵
喜慶「打魯麵」，濃濃人情味

每一個台南囝仔，一定都吃過魯麵，基本上，魯麵是一道報喜訊的菜，也是早年親友鄰居「相放伴」的一頓餐點，一家有喜事，大家來幫忙打魯麵。今日喜慶「打魯麵」的習俗依然，但魯麵的美味，已經普及為一道小吃。

烹煮魯麵過程複雜，但卻更能呈現出師傅的用心，湯內所含的香菇、豬肉羹、木耳、金針、白菜、紅白蘿蔔和扁魚、滷蛋等 10 幾種食材，每樣都需經過個別處理，食材間的融合度才能恰到好處，互相提味，襯托出整碗魯麵的濃醇美味。為顧及來自各地遊客的味蕾。老闆陳清浚盡量降低湯汁的

甜度，以符合大多數食客較清淡的口味，但甘醇的古早味卻從未消失，尤其是許多客人最後吃到魯蛋時，驚覺蛋黃的甘香竟如此濃郁，蛋皮也很 Q，這滷蛋可是老闆用特殊配方，連續滷上一星期的得意之作。

1. 從小就愛吃魯麵的陳清浚賣起了古早味魯麵。
2. 標準的配料、傳統的口味，一碗魯麵陪伴許多府城人成長。
3. 兒子陳威廷也準備接棒傳承。

美食報馬仔

魯麵吃過很多，這攤很對我的味，用料豐富、口味適中，可見老闆的用心。

林進旺
（企業家）

美食情報站

喜慶廟會不可缺的菜色

魯麵在南部地區、尤其台南市，可說是喜慶宴會中不可缺的一道菜色。結婚當天，男方迎娶新娘進門後，由承辦宴席的廚師負責「打魯麵」，來招待幫忙的親朋好友及分贈左鄰右舍。許多廟會活動，也會請廚師煮魯麵，宴請信眾，甚至讓大家打包帶回家。

INFO

🏠 台南市民族路二段 369 號
☎ （06）224-0344
🕐 上午 10 時至晚上 8 時

謝記八寶冰

懷念古早味，四季皆旺季

台南市民族路石精臼小吃廣場，有一家賣八寶冰、土豆仁湯及各式冰品甜
湯的攤位，並沒有店名，但因為生意好、人氣旺，而且40多年來，一直都
在民族路上營業，大家就直接叫它「民族路八寶冰」，因老闆姓謝，也有
人稱為「謝記八寶冰」。

謝記八寶冰店攤上擺置的鮮美配料，是府城懷念的古早味。

謝記八寶冰內含有紅豆、綠豆、大豆、杏仁、湯圓、脆圓（粉角）、蓮子、花生、布丁等料，內容豐富，也可由客人隨喜好點選部分配料。每天營業前，老闆先花 3 至 4 小時熬煮紅豆、綠豆、薏仁、蓮子、杏仁、土豆仁等主要配料，過程中火候的拿捏、時間的控制等，都需相當用心。

「謝記」一年四季生意興隆，不但冬天吃冰的大有人在，夏天也有不少人愛吃熱的八寶湯、土豆仁湯。大家喜歡的或許是那滿攤的新鮮配料，以及那一股懷念的古早味！

1. 八寶冰料好實在。
2. 謝記的生意相當好，一年四季都是旺季。

美食情報站

耗時費力的好手藝

最受稱道的湯圓、脆圓，咬起來脆軟帶勁，那是老闆花費許多時間和力氣，純手工搓揉糯米糰，並靠長時間經驗累積，才能精準煮成的 Q 度。

INFO

⌂ 台南市民族路二段 232 號（石精臼點心城內）
☎ (06) 228-5642
🕐 下午 5 時至隔天凌晨 0 時

勝利早點
美味蔥餅，魅力無法擋

成功大學商圈內，勝利早點的各式小吃，深受市民、成大及附近台南一中學生喜愛，也吸引藝人胡瓜、吳宗憲、陳美鳳等，來此製作節目，「沒吃過勝利早點的山東蔥餅，不太像讀過成大！」與成功大學校友談到府城小吃，經常會聽到這句話。所以，也有成大學生說「勝利早點的各種小吃，就像一門通識必修課！」

1. 剛出爐的蔥餅，馬上就得分送給等著的客人。
2. 要到勝利早點用餐得先排隊。
3. 勝利早點的蔥餅、煎餃、燒餅夾蛋配上豆漿，是許多成大學生的回憶。

勝利早點開店 60 多年，當年店內雇用一位山東老兵，專做山東蔥餅、蔥油餅，外表雖不起眼，但內餡青蔥味美，很受學生歡迎，生意愈做愈大。近 20 年來，雖增加了各種中西式早點，但仍以保存傳統原味的蔥餅、韭菜餅、燒餅、蔥蛋餅、豬肉餡餅、煎餃和水煎包等最受歡迎。

製作蔥餅費時費力，麵粉加水、加鹽後，以手工揉成麵團，才能釋放出麵粉

中的甜味。因麵團中不加發粉幫助發酵，所以揉好後，須置放至少 1 小時等待自然發酵，發好的麵團先搓成條狀，再分成小塊，放 5、6 分鐘讓麵團變軟。

分塊的小麵團壓平成長方形，抹上葵花油，鋪上蔥花，再把麵皮捲起，送入烤箱。烘烤 7 分鐘後，剛出爐熱騰騰的蔥餅皮比較硬，等蔥餅溫度略降，皮也變得較鬆脆，一口咬下，外皮香脆，蔥餡鮮味和咀嚼感十足，搭配濃郁豆漿，是最好的宵夜及早點。

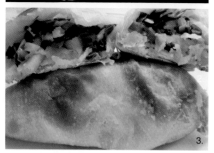

美食情報站

獨家自製醬油膏
店內的自製醬油膏，以烏砂糖、鹽和一些獨家佐料熬成，絕未加防腐劑，吃蔥餅或煎餃沾食，特別甘美。

1. 勝利早點老闆林長雄用心經營也認真向學。
2. 做好的蔥餅被推進烤箱。
3. 山東蔥餅內餡包著滿滿的青蔥。

美食報馬仔

「到勝利吃早點！」是許多成大人每天活力的來源，種類多、新鮮可口。

丁仁方
（崑山科大教授）

山東蔥餅中滿滿的青蔥，讓人難以抗拒，剛出爐馬上被搶光。

修瑞瑩
（聯合報資深記者）

INFO

⌂ 台南市勝利路 119 號
☎ (06) 238-6043
🕐 下午 5 時 30 分至隔天上午 10 時

炸魚塊及羹湯熬煮都是靠經驗累積的扎實功夫。

陳記真正紅燒土魠魚羹
真材實料，店名掛保證

台南市土魠魚羹店很多，「陳記真正紅燒土魠魚羹」開業近40年，風味始終不變，符合府城人的口味，因位在台南火車站附近，不僅許多人趕搭火車前，會先吃一碗美味的土魠魚羹解饞，剛下火車的外地遊客，也會迫不及待地立即來此品嘗府城道地美味。

「**我**」每天親自在店裡殺魚、切魚、炸魚，很多客人都認我這個老標誌，才進來吃」。「陳記」創始人陳海山如此說道。他與太太同在餐廳當廚師時，就負責各種魚類烹調，夫妻倆利用專長創業賣土魠魚羹，從採

購新鮮魚貨、處理魚隻、切剁成塊、到自創佐料浸泡、油炸、熬煮高湯等製程，都由兩人包辦。炸魚塊時，火候的拿捏大有學問，也得靠經驗，炸出來的魚塊才能皮脆肉嫩，甘甜的羹湯則是以獨家配料熬湯，然後勾芡，勾出來的芡要沒有氣泡，羹湯才會清澈透明，賣相好又好吃。

取名「真正」，是標榜真材實料，魚貨是從高雄漁港一次整批購入，冷凍於冷藏庫中，隨時保持鮮度，對調味料的要求也相當嚴格，店中所用的鹽、味素、油一律堅持高品質。

1. 吃的到大塊魚肉的土魠魚羹，大碗 75 元、小碗 55 元。
2. 創店老闆陳海山親自選購新鮮土魠魚切成魚塊，油炸成鮮美可口的土魠魚塊。

美食報馬仔

土魠魚塊肥大又新鮮，炸得香酥脆，羹湯的味道甘甜鮮美，麵或米粉也都好吃。

李俊興
（台南市省躬國小校長）

土魠魚塊以整鍋清淨的油來炸，羹湯味道也很甜美，是「真正」好吃沒錯！

盧陽正
（出版社總經理）

美食情報站

企業化經營的目標

企業化經營是老闆未來的目標，他打算將米粉、麵與土魠魚塊分開，另附調味料，分銷到超市販賣，客人買回家用微波爐即可烹煮，並維持香、酥、脆原味。

INFO

🏠 台南市民族路二段 46 號
☎ (06) 228-3453
🕐 上午 11 時至晚上 10 時

松村燻之味
煙燻滷味，愈嚼愈有味

從台南火車站沿著成功路走 15 至 20 分鐘，過忠義路，直接進入俗稱「鴨母寮菜市」的光復市場，即可找到「松村燻之味」攤位，買一些燻製滷味吃，順便帶回家與家人分享，才算不虛府城之行。

松村起源於鴨母寮菜市場不起眼的小攤位上，各種燻製品琳琅滿目。

創業老闆劉松村早年幫人養鴨，後來改賣生雞、鴨肉，自己做生意，接著又嘗試研發新產品，將全雞、全鴨、鴨翅、雞翅、鴨爪、雞爪、鴨舌頭、鴨腱、鴨腸等，用燻烤方式製成滷味在市場販賣，逐漸打出知名度。

每天現宰的雞鴨搭配各種藥材，以私房祕方加上鹽巴、冰糖，放入特調的肉燥高湯，用溫火熬煮 1 個多小時，再經紅糖煙燻 15 分鐘，使肉質入味、脫水，每一項燻製品都不加任何調味料與防腐劑，卻有「松村」家專有的甘、甜、香、美，甘醇不油膩，愈嚼愈有味，配飯、飲酒、喝茶都適宜，吃不完用保鮮膜冰存冷藏，再吃別有一番風味。另外，可以將鴨肉與冬粉做成鴨肉冬粉。「松村」的鴨米血比一般米血更具甘甜口感且不黏牙，作火鍋料，更增添湯底美味；豆干可當成用餐配料，讓家常菜增色不少；鴨腸炒芹菜，也是一道可口料理。

1. 創始人劉松村每天到菜市場店攤坐鎮兼品管。
2. 松村的雞爪、雞翅等燻製品甘香美味，一啃就欲罷不能。
3. 爪類一包 50 元，翅、腿一包 100 元。

美食報馬仔

集煙燻滷味的大全，風味絕佳，提供宅配服務，方便消費者採購。

謝龍介
（台南市議員）

美食情報站

低溫配送的貼心服務

松村除了在台南的民族路二段 319 號、大同路二段 184 號、西門路新光三越新天地 B2 三處設立分店；並與「統一速達宅急便」合作，提供「低溫冷藏、冷凍」當天配送到府服務，以滿足各地老饕的需求。

INFO

⌂ 台南市成功路 215 號鴨母寮菜場(光復市場)
☎ (06) 223-0295
🕐 上午 8 時至中午 12 時

酸菜老爺的店
湯頭入味，酒香醉人

離台南火車站不遠的富北街內，有一家大陸北方口味的火鍋店，店主是酷愛美食，研發高粱酸菜、養生醋飲產品，打出知名度的水墨畫家吳瑞麟，店裡的招牌高粱酸白菜火鍋，以其酸、香、甘、潤的湯頭，贏得好口碑。

高粱酸白菜鍋可以吃得很精采。

老闆吳瑞麟夫婦，多年來致力於古法釀造「延齡堂」高粱酸菜和養生醋飲系列產品，堅持純手工發酵，不添加任何人工色素、甘味劑及防腐劑。高粱酸白菜鍋與一般酸白菜鍋不一樣，它的酸白菜是放入高粱甕裡，存放2個月，讓白菜自然發酵而入味，絕不添加醋，所以味道比較不會酸和嗆，而湯頭是用高粱酸白菜和豬骨頭、雞骨頭熬煮而成的。

鍋裡滿滿的海鮮、肉類和各式火鍋料，滾熱後吃起來味道就是不一樣，不管是食材或是湯頭，都有一股淡淡的高粱香味，喝湯、吃料都有甘醇的口感，除了人氣最旺的高粱酸白菜鍋、韓式泡菜鍋外，還有釀蒜頭鍋、釀番茄鍋、釀南瓜鍋、天山百草鍋等口味。

1. 水墨畫家吳瑞麟擅長製作高粱酸菜鍋，也炒得一手好菜。
2. 貴妃醉雞。
3. 酸白菜炒肉片。

美食報馬仔

招牌高粱酸白菜火鍋，風味獨具，在府城藝文界饒富盛名。

張力中
（台南一中教師、
台南啟蒙文教學會總幹事）

美食情報站

酒醋入菜好滋味
老闆結合台南小吃型態，推出「新台南小吃」——高粱酸丸子、泡菜辣丸子，以自釀的各式醋飲調配醋溜麵，並將多年陳釀的女兒紅酒糟，製作酒糟肉燥飯；同時以鮮蝦、去骨雞腿肉浸泡荔枝酒，推出貴妃醉蝦、醉雞等，水果酒入味，又香又醇。

INFO
🏠 台南市富北街 50 號
☎ (06) 221-0110
🕐 上午 10 時 30 分至下午 2 時，下午 5 時至晚上 9 時，假日全天供餐。

連得堂煎餅
限量美食，一人兩包

開基玉皇宮旁窄窄的崇安街，經常有遊客出入，假日更出現排隊人潮，大家都是為了「連得堂」的煎餅而來，一次只能買2包，有人上午買過了，下午再來排隊，卻被老闆眼尖認出，鐵面無私地說「你今天買過了！」，拒賣。老闆說，因客人太多，產量有限，如讓遠道者買不到會不好意思，「只好限定每人每天2包，絕對不是拿翹」。

從日據時代傳承至今已有百年歷史的「連得堂煎餅」，具有特殊日式風味，不但府城人愛吃，網路人氣也旺，甚至有人加價販售，曾有老師一次帶了36名學生來，一次買足72包。煎餅製作過程繁複，早年燒炭爐，火候掌控不易，一手握著厚重煎盤，一手舀著麵糊，還得注意控制炭火，現在的圓形轉動烤爐，爐下有4個瓦斯爐，煎盤會自動翻轉，省時省力多了，但打印、整理等工作仍需仰賴人工。

第三代鄭孟珠仍守著傳統煎餅機器，每天煎烤香脆餅乾。

1. 煎餅還打印「連得堂」英文名。雞蛋、花生口味一包 6 片 30 元，味噌口味一包 12 片 35 元。
2. 要做出好吃的煎餅，火候的掌控很重要。

老闆每天清晨 5 時開工，頂著高溫熟練地烘烤著，從打麵糊、壓模成形、將餅翻面、烤熟起鍋、折疊形狀、置涼、切餅乾等，每個步驟都規律地進行著，一天工作 12 個小時以上。

老闆說，做煎餅沒什麼訣竅，就是用料實在、火候掌握好，麵糊用雞蛋、麵粉、奶油、糖，手工攪和，不加水，爐火保持攝氏 160 度，餅模在轉，手不能停，揭起餅皮涼 5 秒鐘，下刀就切，稍慢就變脆，切了易碎。餅乾咬起來口感脆但稍硬，充滿淡淡的香氣。

美食報馬仔

祖傳四代，堅持古早配方，手工限量生產，傳統包裝和口味都有老店的堅持。

張力中
（台南一中教師、台南啟蒙文教學會總幹事）

美食情報站
現買預購皆熱銷
煎餅分為雞蛋、花生、芝麻、味噌、海苔 5 種口味，因產量有限，光應付現場購買的就很忙了，電話預購則要排到半年後。

INFO

⌂ 台南市崇安街 54 號
☎ （06）225-8429
🕐 上午 8 時至晚上 8 時（賣完為止）

育樂街、大學路特色餐飲區
育樂街美而廉，大學路異國風

成大商圈中，以成大光復校區對面的育樂街，以及成功、勝利校區間的大學路 18 巷、22 巷內的各式餐廳最吸引人，經常有即將步上紅毯的新人，來此地的景觀餐廳附近取景拍照呢！

1.2. 成功大學校區大學路 18 巷、22 巷的特色餐廳，充滿異國風味。

育樂街是成大學生口中「俗擱大碗」，解決民生問題最方便的一條街。其中，以「紅樓小館」炒飯、「斜塔」義大利麵、「不倒翁」川味老虎醬炒飯、「新味」自助餐、「活力小廚」雞排飯、墨西哥捲餅、「泰好泰式美食館」、「明記蔥肉餅」等較具人氣。

大學路 18 巷、22 巷內的餐廳則頗具特色，雖消費較高，但可舒適用餐、怡然談心，適合約會、開會、餐敘等。大學路 18 巷內的「諾亞方舟」，巨大方正的入口頗引人注意，店內提供排餐、各式鍋類等歐法料理，德國豬腳、菲力牛排、普羅旺斯海鮮燉鍋是招牌菜。「十八巷花園」以老樹、藤架和一盆盆香草植物，妝點出綠意盎然，招牌菜迷迭香烤半雞、德國酸菜脆皮豬腳，很受歡迎。

大學路 22 巷的「轉角」餐廳，營造歐式風格，純手工炭烤牛排及波士頓鮮活龍蝦為主力美食。健康取向的「綠橄欖」，專賣不同口味的義大利麵，有白酒蛤蜊麵、西西里海鮮義大利麵、酥炸雞肉蘑菇麵等，味美價廉。

1.2.3. 人氣旺的學生餐飲消費店——斜塔、紅樓小館、金太郎。

INFO

⌂ 育樂街與大學路 18 巷、22 巷（台南市東區成大光復、成功、勝利校區間）
🕐 每天午、晚餐時間為主

陳秀月創造出蚵仔多元美食。

陳家蚵捲
金黃蚵捲，酥脆誘人

台南安平地區盛產蚵仔，早期剝蚵人家處處可見，但現在已不多見，位於安平路與古堡街口的陳家，原本就是蚵業中盤商，第二代陳秀月自創蚵捲美食，受到在地人及觀光客喜愛，更被市政府評選為傳統美食之一，隨著安平地區觀光盛起，成為府城有名的特色小吃。

陳家蚵捲是以豬肉、白韭菜、蔥、芹菜、魚漿製成餡料，再加上新鮮的蚵仔，包入豬內臟網膜中，沾上由番薯粉、油炸粉等調製而成的酥炸粉，入鍋油炸成外皮金黃內酥脆的蚵捲，食用時沾上醬油膏、辣椒醬或芥末醬，滋味更佳。

蚵仔酥是以一粒粒剛剖開的生蚵，加上陳家特調的私房炸粉入鍋熱炸，將軟濕的蚵仔幻化成爽脆的另一種口感，保有蚵仔的原味和酥脆的口感，沾上番茄醬，更能吃出美味與健康。吃著味道鮮美的蚵捲、蚵仔酥，再配上一碗粒粒碩大鮮肥的蚵仔湯，真是一大享受。另外還有蝦捲、蝦派及烤鮮蚵，讓客人品嚐道地新鮮的蚵仔多吃。

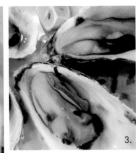

1. 炸得酥脆的蚵捲內有大粒美味鮮蚵，一份 55 元。
2. 蚵仔湯內肥美的鮮蚵仔，一碗 55 元。
3. 現烤鮮蚵仔讓顧客品嚐不同風味，一盤 100 元。

美食報馬仔

蚵仔碩大肥美，吃蚵捲、烤蚵、蚵仔湯，都鮮美可口。

蚵仔鮮美肥大沒話講，烤鮮蚵大粒又有湯汁。

丁仁方
（崑山科大教授）

盧陽正
（出版社總經理）

美食情報站

富含營養，助傷口癒合

蚵仔是極富營養的海鮮，含有豐富的蛋白質、鐵質、鈣質、維他命和礦物質，可補充惡性貧血患者養分來源，對降低傷口感染、加速癒合也有幫助。

INFO ————

🏠 台南市安平路 786 號
☎ (06) 222-9661
🕐 上午 10 時至晚上 9 時

古堡蚵仔煎

在地名店，功夫不簡單

安平有很多漁民販賣蚵仔，隨著觀光發展，更多人開店賣蚵仔煎，據老一輩表示，蚵仔煎的前身是「煎鎚」，就是將地瓜粉加水攪拌做皮，包入蚵仔、香菇、筍絲、瘦肉等為餡，煎成一道點心，慢慢地改良成現在較簡易的蚵仔煎。

有50多年歷史的「古堡蚵仔煎」，位於安平古堡對面，是安平地區最有名的老店。蚵仔煎作法看似簡單，卻大有學問，在平底煎鍋上淋上油，先後放入蚵仔、豆芽菜、打上一個蛋，再加入韭菜、茼蒿，然後淋上加水的番薯粉，約2、3分鐘即完成。其中火候的控制與煎製時間的拿捏，影響整塊蚵仔煎的色香味，完全靠經驗累積。

蚵仔選自當地鮮蚵，每天由蚵農直接配送到店，鮮肥碩大，入口後味美多汁，尤其夏天，是蚵仔盛產肥美季節，美味更添三分。剛煎好的蚵仔煎，蛋香四溢，看起來酥脆，咬一口，皮Q卻不黏牙，淋上醬料，再配一碗滿滿碩肥的蚵仔湯，一樣鮮蚵，2種滋味，絕對吃得過癮。

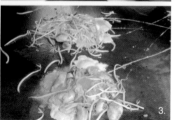

1. 蚵仔煎內看得見粒粒新鮮肥美的蚵仔，沾醬吃更美味，一份60元。
2. 蚵仔煎配蚵仔湯，一次吃過癮，蚵仔湯一碗60元。
3. 火候與時間的掌控，是做出美味蚵仔煎的關鍵。

新鮮蚵仔、蛋、豆芽、蔬菜在老闆娘熟稔的巧手下，逐漸形成一盤美味蚵仔煎。

美食報馬仔

鮮肥蚵仔加豐富食材，化作一盤美味蚵仔煎。

李章文
（救國團花蓮縣團委會總幹事）

用料實在豐富，蚵仔新鮮肥大，可以吃到老闆娘的愛心。

魏愷仁
（骨董店負責人、文物與美食鑑賞作者）

美食情報站

蚵仔煎的由來

由於靠海的安平盛產蚵仔，據說蚵仔煎即起源於此。相傳鄭成功於 1661 年從鹿耳門溪攻入台南，被擊敗的荷蘭軍把糧食藏起來，鄭軍只好就地取材，將地瓜粉加水和蚵仔一塊煎煮，填飽肚子，沒想到此一救急、解饑的食物，竟演變成府城特產小吃，更流傳至全台。

INFO

🏠 台南市安平區效忠街 85 號
☎ (06) 226-6035
🕐 上午 9 時 30 分至晚上 7 時，週三公休

林記「佑」蝦餅
去油保鮮，定時換油

蝦餅是台南安平最具代表性的特產之一，林記「佑」蝦餅依循祖傳作法，堅持傳統原味，不添加味精、香料和防腐劑，每天現炸現賣，兼顧健康與美味。

林家裕重拾炸蝦餅手藝，認真傳承家族事業。

1. 林家裕夫妻同心賣蝦餅，一包 80 元。
2. 先經日曬，乾燥後的蝦片油炸成為蝦餅。
3. 炸蝦餅用油每天更換數次，而且多了一道濾油手續，為顧客健康把關。

林記「佑」蝦餅以海蝦、火燒蝦、鐵釘蝦（厚殼蝦）或是劍蝦為原料，先用純手工方式將現撈新鮮海蝦眼睛部分去掉，再用絞肉機將蝦肉打成泥，續加入蛋白、太白粉、玉米粉、糖等加以捶打搓揉，讓麵團的彈性與韌性到達一定的質感，最後將蝦泥麵團放入蒸籠蒸熟後，置入冷藏室存放一夜，再切成薄片狀，置於陽光下曝曬 2 天，就成為一片片蝦餅乾貨，保存期限可達一年。林記「佑」蝦餅現有原味、白蝦、黑胡椒、辣味、海苔等 5 種口味。

美食報馬仔

現場油炸現買嘗鮮，多一道濾油手續，感覺上吃得安心點。

林筱培
（成大醫院護理師）

INFO

⌂ 台南市古堡街 51-2 號
☎ (06) 222-4220
🕐 平日上午 9 時至下午 6 時；假日上午 8 時至晚上 8 時

明德雞
一雞多吃,打出名號

「明德雞」主打一雞多吃,以台南市山上區明德外役監獄飼養的「有身分證的明德雞」及新化山區的跑山土雞為主要食材,營業至今已擁有許多忠實顧客,假日常賣出百隻以上的雞。

首創溫體雞肉涮涮鍋,雞肉薄片汆燙後品嘗柔嫩香甜原味,另有山藥、養生、藥膳滋補等各式鍋類。

號稱「全國唯一,獨家首創」的溫體雞肉涮涮鍋,是將現宰雞肉薄片,於雞骨燉煮的新鮮鍋湯內汆燙,肉色變熟即撈出食用(勿超過 10 秒),不但可吃到柔嫩爽口的雞肉,還可喝到甜美的原味雞湯。汆燙後的肉片,沾一些店家特調的醬汁,會更美味。

藥膳滋補、調理系列則有藥膳燒酒雞、麻油酒雞、江蘇何首烏雞、如意燉香料雞、通天草九尾雞、金線蓮雞等，以及明德雞加龜鹿二仙膠、明德雞加大黃膠魚翅、黃金雞加冬蟲夏草和頂級中藥材等，部分料理需提前預訂。另有雞腩肺麻油鐵板、香酥雞、苗薑三杯雞、白斬蔥油雞、楓糖蜜汁雞、月世界豆乳雞、魚香脆皮雞、檸檬明德雞、麻油拼明德雞、潮州汕頭雞、台鹽鹽焗烏骨雞等，也有豬肉爐、牛肉爐、砂鍋魚頭、酸白菜鍋，以及各式小炒。

1. 台鹽鹽焗烏骨雞，半隻 950 元（視人份定量）。
2. 苗薑三杯雞，半隻 550 元。
3. 月世界豆乳雞，半隻 500 元。
4. 創店時以每一隻雞都是來自明德外役監獄飼養，有身分證的「明德雞」打響知名度。

美食報馬仔

健康土雞肉多樣吃法，別家店難得嚐到，尤其是雞肉涮涮鍋，值得推薦。

林義泰
（台南市永康區中華里長、超商負責人）

一雞多吃，肉質鮮美，藥膳系列，適合青少年、女性朋友們養生。

盧陽正
（出版社總經理）

INFO

⌂ 台南市永華路一段 336 號
☎ (06) 298-3642
🕐 中午 11 時至隔天 0 時

府城黃家蝦捲
數次搬遷，熟客聞香來

位於西和路的「府城黃家蝦捲」，是府城道地的蝦捲老店，從民族路石精臼創業後，經數次遷移至現址，不過忠實顧客從未流失，一路跟著美味來聚集。

黃家蝦捲至今保留習自大陸福州老師傅的傳統製作方法，每天嚴選新鮮肥碩的火燒蝦，每一捲有 3 至 5 隻鮮蝦，混合鴨蛋汁，加入高麗菜和青蔥攪拌，並以豬腹膜網包裹，捏製成 15 公分長條型，再裹上麵粉及花生油，用大火油炸約 1 分鐘後撈起。

高溫油炸後的蝦捲呈現金黃色，皮酥蝦肉 Q 脆，沾上芥末和自家調製的醬汁，再配上醃蘿蔔片，趁熱吃，香噴噴的口感尤佳，如再搭配一碗古早味魚丸湯、脆肉湯或脆肉魚丸冬粉湯，吃起來更過癮。

1. 吃蝦捲配魚丸脆肉冬粉湯飽足美味，一碗 25 元。
2. 每一捲蝦捲製作時至少會包進 3 至 5 隻肥碩鮮蝦。
3. 炸熟後的蝦捲呈金黃色，沾上芥末醬更美味，一份 2 條 50 元。

老闆娘將製作好的蝦捲一一下鍋油炸。

美食報馬仔

香、酥、脆，口味道
地，沾裹上芥末醬更
好吃。

傅建峰
（台南市安平區建平里長、團購網站長）

現炸蝦捲，皮酥蝦肉
脆，一定要沾著芥末、
醬油膏吃。

謝龍介
（台南市議員）

美食情報站

特殊的外帶包裝

黃家蝦捲至今仍然沿襲傳統包裝外
帶方式，即以竹葉包裹蝦捲，原味
十足，也可吸油、透氣，更可讓蝦
捲保持酥脆，且透出竹葉淡淡的香
氣，兼具古早味及環保理念。

INFO ───────────

⌂ 台南市西和路 268 號
☎ (06) 350-6209
🕐 下午 2 時 30 分至晚上 8 時

老闆方穀派以身為爸爸的愛心研製出大家愛吃的布丁。

依蕾特布丁
愛心做的布丁，年銷 200 萬個

原是一名父親為子女做出的得意甜點，卻意外催生出「依蕾特布丁」品牌，被網友以「台南好吃的神祕布丁」稱之，在網路上廣為流傳，曾創下年銷量 2 百萬個紀錄，其後在安平運河旁設立首家門市，從網路虛擬世界紅回真實人間。

「**不**加一滴水，純鮮奶，加入愛心和細心，從原味布丁開始，創新研發各式新口味！」，直到現在，老闆仍以「做給女兒吃的誠摯心意」來製作每個布丁，與顧客分享最新鮮的滋味。堅持只選在地當天生產的

雞蛋、當天出廠的鮮奶、楠西蜂蜜、新化地瓜、萬丹紅豆等農產，並採購空運來台的法國發酵鮮奶油和紐西蘭特級全脂奶粉。

「依蕾特」賣得最夯的除了原創的鮮奶布丁外，還有陸續研發的可可奶酪、芒果奶酪、杏仁奶酪、焦糖鮮奶布蕾、芝麻鮮奶布蕾等，因應年輕族群口味，結合台南盛產的芒果，夏季會推出限定的芒果青蜜凍，青酸澀香的清涼感中，咬的到成塊土芒果青脆酸甜的果肉。

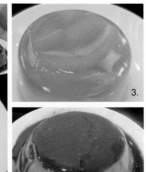

1. 鮮奶布丁一個 35 元。
2. 芒果奶酪一個 35 元。
3. 芒果青蜜凍一個 35 元。
4. 可可奶酪一個 35 元。

美食報馬仔

濃郁香醇、柔軟綿滑，嘗過後就愛上了。

盧彥均
（公關公司經理）

美食情報站

宅配亦嚴格掌控品質

不論網購、宅配，接單後統一於出貨前生產，保持零庫存，且嚴格掌控時間，於生產 36 小時內，在事先指定好的日期，以宅急便低溫冷藏配送至顧客手中。各種布丁門市單價一個 35 元，冷藏包裝，可保鮮 8 小時。如採團購，一個布丁可省 2 至 6 元不等。

INFO

🏠 台南市安平路 422 號
☎ (06) 226-0919
🕐 上午 10 時 30 分至晚上 9 時 30 分（假日提早 30 分開始營業）

安平老街、延平街特色餐飲

看老厝、嘗小吃，樂享古早味

位於安平古堡旁的延平街，又稱為「安平老街」，是 3 百多年前荷蘭人在安平修建的第一條路，又有「台灣第一街」之稱，市府拓寬後，街道兩旁聚集了許多特色店家，近年來，因觀光發展，帶動了鄰近街道的繁榮，發展成「安平商圈」。

台南名產「椪餅」。

延平街是到安平旅遊必訪的景點之一，除了安平古堡本身具有特殊的歷史意義，「安平老街」兩旁也保存了極具特色的舊式建築，土角厝、紅磚矮屋、西式洋樓等，洋樓大多為白粉牆或洗石子面牆，欄杆、柱頭或屋簷上

飾以手工精緻的浮雕。進落門大多
為天井，設有「公媽廳」，以安放
神案，門楣多懸掛太極八卦、劍獅
獸牌或圓鏡，以求辟邪鎮災。

老街上的店家，有百年老店鹹酸甜、
古早味的柑仔店，賣的都是古早零
食與小玩具，可以回味童年樂趣。
「金泉興」童玩店，有許多令人懷
念的小東西，如香煙糖、牙膏巧克
力、洞洞樂和綠豆糕；「皮箱子」店，
則以純手工打造實用又美觀的皮件
飾品。

餐飲部分有蝦捲、蚵捲、蚵仔煎、
肉燥飯、魚丸湯、魚羹、魚酥飯、
豆花及各種冰店，可說是府城小吃
大集合，「鳳凰花餅舖」除了麵茶、
各種糕餅伴手禮外，就連早期婦女
生產、坐月子用來調理身體的白糖、
黑糖、凸餅都買得到。

1. 延平街有教煮椪糖的攤位。
2. 延平街販賣各式童玩、零食。
3.4. 老街上有各式蜜餞、滷味攤，口味多元。

INFO
🏠 台南市安平古堡附近
🕐 週六、日及假日為主

永華店的店內裝飾融入府城意象。

夢東籬
推陳出新，多元口味

「夢東籬」連鎖簡餐餐廳，以門庭花團錦簇、綠意盎然的中式傳統風格擺飾，配上精緻的簡餐、火鍋、茗茶、咖啡，讓顧客置身古典優雅的氛圍中用餐，在古都府城打響復古味、平價式、高格調的餐飲風格。

散發媽媽味道的老闆林麗月平易親和，每天在店內向客人招呼問候，她經營的系列餐飲店，附贈鄉土味麵線、現代式爆米花，以及紅茶、烏龍茶、柳橙汁、桔汁等飲料，而且免費添飯、續杯，建立了「口味好、吃得飽、喝得夠」的口碑。

林麗月在舊台南縣山區有自家農園，她將大片種植的香茅、迷迭香、地瓜葉及南瓜等蔬果入菜，不斷研發推出新口味佳肴和飲品，自己更穿梭各家店的廚房與客人間，傾聽客人意見，提供廚師們改良精進。

「夢東籬」長榮店歷史悠久，永華店則是新設，加入餐飲戰國區，店面裝飾融入府城古蹟和人文特色，採更清亮簡約的文創風格，吸引忠實顧客和年輕消費族群；每家店都採取多元口味的套餐、小火鍋、單點等餐點，平價供應方式經營。

為打出獨家品牌特色，新聘大餐廳級主廚，除端出北海道牛奶鍋、拿坡里番茄鍋、印度經典咖哩鍋、台式古味砂鍋黃魚等 20 套特色火鍋套餐外，更推出精心改良的威尼斯香烤半雞、迷迭香果律蝦球、邵興桂花醉雞、香草泰式黃魚、西湖東坡肉等單點佳肴，最適合團體、親子餐敘，在府城懷舊溫馨氣氛中，享受平價的大餐廳主菜。

1. 紹興桂花醉雞套餐 350 元。
2. 香煎糖醋黃魚套餐 360 元。
3. 威尼斯香烤半雞套餐 350 元。
4. 迷迭香果律蝦球 320 元。
5. 蚵仔麵線 100 元。

INFO

⌂ 台南市永華路二段 707 號（永華店）
☎ (06) 295-9986
🕐 上午 10 時至晚上 10 時

⌂ 台南市長榮路三段 26 號（長榮店）
☎ (06) 235-8360
🕐 上午 10 時至隔天 0 時

店內賣的都是新鮮深海魚。

深海釣客

正港深海魚，專賣內行人

「正港的深海魚，新鮮看得見！」開店20多年的「深海釣客」是府城專賣深海魚多吃的創始店，以大尾野生海魚做成魚片涮涮鍋、生魚片、魚湯或清蒸、紅燒各式料理，是府城內行人吃魚的專門店。

為 讓內行的顧客、好友，經常吃得到新鮮魚貨，而且隨季節不同變換魚種，「深海釣客」的深海魚以當日捕獲的新鮮魚為主，為確保魚肉鮮美，每天凌晨收到魚貨後即開始宰殺，如果魚貨冰存2天以上，便捨棄不賣。

1. 鮮魚湯鍋的海鮮料，新鮮味美。
2. 店家無菜單，依季節產量定價。
3. 多種類型的新鮮魚類供客人挑選。
4. 2 人份湯底含魚肉、海鮮火鍋料。

一般來說，海鯽、海雞母、赤鱔、虎魚頭、紅尾烏、加網、黑鮪等，店內都有供應，由於沒有菜單和價目表，客人一進門，看冰櫃內擺什麼魚，隨興怎樣吃，魚湯鍋和 10 塊錢吃到飽的肉燥飯，幾乎是標準配備。老闆說，新鮮魚肉鮮嫩的口感一吃便知，只要魚新鮮，吃生魚片、煮鮮魚湯和吃魚片涮涮鍋，就是最好的享受。

美食報馬仔

老闆料理深海魚的隨興手法，迎合客人口味，像在家裡吃剛釣回來的魚一樣。

王方生
（生物科技公司董事長）

第一次來嘗鮮一定要吃魚片海鮮鍋，想吃什麼魚，聽老闆介紹，價格公道。

盧陽正
（出版社總經理）

美食情報站

高營養零負擔的深海魚

深海魚泛指在海平面 70 公尺以下生長的魚類，如鸚哥類、大石斑類、鯛類等魚種，因長期生長在水壓大且水域冰冷的深海中，肉質比淺海魚結實，脂肪層也比淺海魚厚，咀嚼起來味道更鮮甜，同時，深海魚多不受汙染，且富含蛋白質，多吃沒有膽固醇、高熱量脂肪等負擔，可謂「高營養，零負擔」。

INFO
⌂ 台南市建平路 651 號
☎ (06) 225-1649
🕐 中午 12 時至晚上 11 時

東香台菜海產餐廳

道地台灣味，山海產老店

東香台菜海產餐廳，是吃道地台灣料理、山海產的知名老店，店老闆「總舖師」蔡瑞成，傳承父親外燴廚藝，精湛且獨具創意；因他為人爽朗有愛心，號召廚師成立腳踏車隊募捐發票行善關懷弱勢，店內經常有同好及遊客聚集嘗鮮。

蔡瑞成是辦桌總舖師（照片由店家提供）。

蔡瑞成讀美工科出身，但從小對廚藝耳濡目染，喜歡研發新菜肴，店內美食傳承道地台灣料理精髓，並呈現精心研製烹調的新式山海產佳肴。備受稱道的滿滿膏黃處女蟳、渾圓飽滿的蚵仔麵線、紅蟳米糕、鮮蝦、台菜經

典魷魚螺肉蒜、西瓜綿鮮魚湯等菜，為來客必點；而筍乾封肉、鹹水吳郭魚、炸花枝丸、鮮蝦等，都是人氣美味。

蔡老闆獨具創意的處女蟳花壽司、化骨通心黑鱸鰻、龍蝦水果沙律、芥末蘿蔓果律蝦、藥膳紅蟳及八寶丸、蝦捲更是招牌菜，精心研發的養生觀念野菜料理，如野菜蔬果沙拉、金針海鮮羹、甘藷葉炒小番茄、山苦瓜炒鹹蛋等，都受食客歡迎。

養生餐搭配復古老台菜，由當地台江地區友善環境養殖的健康無毒漁產品供應，產品進貨價格比一般漁產品高，但在注重食安觀念的現今，他堅持用平實的價格給消費者品嘗台江健康的鮮美滋味。

台南土城地區安中路六段另有海產店以新鮮海產聞名，尤其是處女蟳、紅蟳備受稱道，如土城農會旁的土城海產店、青葉活海鮮，都以滿滿膏黃的處女蟳、渾圓飽滿的蚵仔麵線、紅蟳米糕、鮮蝦、西瓜綿鮮魚湯等佳肴吸引來客，美食與觀光齊名。

1. 人氣旺的蚵仔麵線 1 人份 80 元。
2. 處女蟳有著滿滿膏黃，依重量時價 1 隻約 500 元。
3. 化骨通心黑鱸鰻 1 隻 10 人份，依重量約 1800 元（照片由店家提供）。
4. 滿桌道地的台菜海鮮料理。

INFO

⌂ 台南市安南區安中路六段 217 號
☎ (06) 257-3888
🕐 上午 11 時至晚上 9 時

奶奶的熊熊
親子最愛，熊熊相陪用餐

「奶奶的熊熊」店名頗為有趣，引人好奇。一走進店內，就可見到一面大大的「奶奶與熊熊」故事牆。原來，店主人林奶奶小時候很窮，羨慕別人有小熊玩偶可以玩，因此決定開一家有很多熊的餐廳來一圓童年的夢想，也讓大小朋友都來親近熊熊玩偶。

餐廳位在安平區國平路餐飲特區，交通方便，店內裝潢明亮溫馨，以平價式供應各式醬麵及義大利麵、焗烤燉飯、精緻小火鍋、輕食系列、養生素食和特調茶飲與咖啡等，是親子用餐、好友聚會、團體餐敘的好地點。店內的熊熊真的很多，座位旁、牆壁上、吧台上、杯架旁、角落邊，每一個地方都有各種熊熊玩偶可以讓客人拍照留念。用餐的時候不但有它們相陪，還可以集點送玩偶。

小朋友最喜歡來餐廳和熊熊玩。

各式餐點是中西式混合的種類，有白醬、青醬、茄汁、南瓜、咖哩等口味義大利麵；以及香濃焗烤、燉飯、兒童套餐、精選火鍋、精緻套餐，還有手工鬆餅、小點心與蜜糖吐司等。

小朋友喜愛的「奶奶的熊熊綜合炸拼盤」，內含炸薯條、雞米花、布丁酥等小點心。受歡迎的炸豬里肌肉排，主菜是香酥脆的炸豬里肌肉，加上 3 樣可口小菜與湯；迷迭香雞腿排，則有香、酥、脆的炸雞腿，同樣配上小菜與湯；青醬鮮蔬海鮮焗飯，以新鮮花枝為主食材、搭配了蝦仁與蛤蜊。威尼斯烤半雞佐奶油義大利麵，是以含整隻腿的半雞，烤得鮮酥油嫩，佐以 Q 彈醬麵，格外可口。

每一份套餐都附上一大杯特調茶飲，不但招待的桔茶可以續壺，連餐前濃湯也都可以續湯，白飯則無限續碗吃到飽。附餐冰淇淋也不限點餐份數，大家都有一份，讓小朋友吃得開心。

1. 可愛的熊熊排排坐在餐廳門口迎客。
2. 威尼斯烤半雞佐奶油義大利麵 350 元。
3. 日式炸蝦佐番茄蛤蜊燉飯 300 元。
4. 鮮果冰淇淋鬆餅 170 元。

INFO

⌂ 台南市安平區國平路 206 號
☎ (06) 295-8012
🕐 上午 10 時至晚上 10 時

第三章
六條大快朵頤的嘗鮮路線

跟著排隊人潮、循著誘人香氣，
一網打盡府城的豐富滋味。
外來觀光客，
如何在有限時間內嘗遍風味獨具的迷人美味？
台南 6 條極具代表性的嘗鮮路線，
有久負盛名的古早味，有異軍突起的新口味，美味絕不漏失。

炒好的米飯舀入碗中再加入美味蝦子。

矮仔成蝦仁飯

蝦仁飯、鴨蛋湯，實在絕配

「矮仔成蝦仁飯」名稱，源自創始人葉成，因他長得矮小，客人以「葉成」的諧音喚他「矮仔成」，這個綽號與美味蝦仁飯結合，沿用至今已超過90年，成為府城知名傳統特色小吃之一。

蝦仁飯是創始人葉成依日本口味研究出的獨門美味，好吃的關鍵在於堅持使用當天現撈現剝的新鮮蝦仁，店內使用的蝦仁，是來自安平港與鄰近興達港的火燒蝦，每天經由人工剝殼去腸泥，確保食材的新鮮。

米飯仍採用原子炭燒大灶傳統炊煮法，使米飯保有木炭香。蝦仁飯與一般炒飯的製作不一樣，蝦仁與飯是分開炒的，炒蝦仁時先將蝦仁及蔥段快炒爆香撈起，將柴魚高湯與炒蝦仁汁調製的醬汁與米飯拌炒，大火中仔細翻攪，讓飯粒充分吸入醬汁的香甜，盛入碗內再鋪上炒好的蝦仁，搭配醬瓜吃更美味。店內另外有賣肉絲飯、綜合飯等。

1. 將柴魚高湯與炒蝦仁汁調製的醬汁與米飯拌炒。
2. 每天現買新鮮蝦子剝殼處理。
3. 吃蝦仁飯配上一碗鴨蛋湯，是道地吃法，鴨蛋湯一碗 25 元。
4. 蝦仁飯一碗 45 元。

美食報馬仔

吃起來像燉飯，非常入味，女生可再加點鴨蛋湯，男生可能要叫 2 碗以上才吃的飽。

黃佩姍
（長榮女中教師）

美食情報站

最搭的組合

吃蝦仁飯一定要配古早味鴨蛋湯，鴨蛋來自高雄市湖內區鴨農飼養，每天餵食現剝新鮮蝦頭、蝦殼的鴨子生出的鴨蛋，蛋黃呈現較紅的顏色，營養度高，打入配有肉絲且熬煮多時的柴魚高湯中，再佐以翠綠蔥段，顯現出香醇滋味。

INFO

🏠 台南市海安路一段 66 號
☎ (06) 220-1897
🕐 上午 7 時至晚上 7 時 30 分

WiWe 義法廚房

招牌歐姆雷斯，嘗鮮首選

吃東西很挑的陳昭吟，從台北返鄉，覺得台南西餐選擇不多，興起開店念頭；「WiWe 義法廚房」開業超過 10 年，已擁有不少著迷於道地義法美食的「粉絲」，以平易的價格提供超值的服務，從前菜、沙拉、湯品、主餐、甜點到飲品，都有令人意外的貼心設計。

堅持以新鮮食材現點現做，口味隨時節變化，WiWe 義法廚房的超值商業午餐有匈牙利燉肉、義大利燉菲力牛肉丸，前者是歐洲寒帶國家的家常菜，後者牛肉丸風味更是全球聞名，主廚使用菲力牛肉加鮮豬肉調理牛肉丸子，反覆甩摔，更具 Q 度後再燉煮。

法式犢小牛排搭挪威鮭魚 733 元（照片由店家提供）。

另有各式排餐、義大利麵及養生鍋，義大利番茄海鮮養生鍋以牛番茄及雞高湯作底，法式迪戎芥末雞採用法國進口、帶蜂蜜香味的迪戎黃芥末，口感獨特，連附餐水果茶也都是用新鮮水果熬煮製成。

1. 北海干貝義大利麵 583 元（照片由店家提供）。
2. 生烤美式肋排歐姆套餐 483 元（照片由店家提供）。
3. 法式脆皮櫻桃鴨胸 683 元（照片由店家提供）。
4. 自製冰淇淋和布丁精緻可口。

美食報馬仔

在台南想吃義法料理，
可以考慮來 WiWe。

林筱培
（成大醫院護理師）

INFO

⌂ 台南市海安路一段 31 號
☎ (06) 222-3127
🕐 上午 11 時 30 分至下午 3 時，下午 5 時 30 分至晚上 10 時 30 分

美食情報站

必吃的法式歐姆雷斯

「WiWe」招牌法式歐姆雷斯（即蛋包飯），以滑嫩蛋包佐上香鬆法式拌飯，搭配各式主菜，一份套餐多重享受，是必嘗的首選，很多客人來店就是為了一嘗歐姆雷斯滋味。上菜時，服務人員以餐刀在客人面前將蛋包切開，滑嫩的蛋花傾洩而下，激起食欲；另可搭配各式牛、豬、雞、魚等義法式主菜，成歐姆雷斯套餐。

何首烏與 30 幾種中藥材燉煮的跑山雞,肉質鮮嫩、湯汁營養。

百年御膳養生鍋
創意、手藝,兩大賣點

台南市海安路餐飲店林立,「百年御膳養生鍋」餐廳,融合海鮮、炭烤、鍋類、熱炒等料理,經常推出創新的特色佳肴,店面不大,也只做晚上生意,卻經常客滿。

店內招牌主菜為海鮮雪蛤士蟆、冰糖雪蛤士蟆,主要食材為來自大陸長白山,俗稱靈蛙、雪蛤士蟆的脂肪凍,泡水 8 小時後烹煮。海鮮口味以蝦仁、蟹肉、干貝、海參、軟絲等為主,冰糖口味則加入洋參、枸杞、紅棗等藥材,都以獨特配方的高湯熬煮而成;但雪蛤士蟆貨源會受季節及產量影響,供應較不穩定。

1. 黃健芳研發新口味外，還擔任高職、大學餐飲專任教師，傳授實務經驗。
2. 陶板鹽焗肉配杏鮑菇美味又健康。
3. 麻油鱔魚麵線香醇鮮脆。
4. 和風蝦卵鮮卷，蝦卵與小卷一起入口，新鮮百分百。
5. 蔬菜鮮蝦麵團酥脆滿口。

何首烏水鴨、烏骨雞、軟排骨等 3 種養生鍋，是以何首烏、當歸、枸杞、黨參、青蓍等藥材，配上獨家祕方熬煮 2 小時以上的高湯，再加入汆燙過的水鴨、跑山雞燜燉入味，點菜率極高。另外，老闆的拿手料理還有麻油鱔魚麵線，香噴噴的麻油香配上快炒鱔魚的鮮脆口感，令人胃口大開；香煎土魠魚細嫩精緻，加上幾滴檸檬汁調味，更加爽口。

美食報馬仔

口味獨特、菜色創新多元，藥膳養生鍋類我最愛。

王方生
（生物科技公司董事長）

菜式多元創新，台菜、海鮮、燒烤、養生鍋，都是老闆拿手。

盧陽正
（出版社總經理）

美食情報站

各式創意料理

日式和風蝦卵鮮卷，將新鮮蝦卵與大塊小卷一起入口，品嘗極鮮美味；陶板鹽焗肉加上杏鮑菇，肉片油香而不膩；酸酸甜甜的新鮮鮑魚，充滿南洋風味；砂鍋梅干菜甘蔗筍，既有古早味又符合養生；生菜包著蘆絲鮮蝦捲，從蔬菜與麵線團的脆感中，咀嚼出鮮蝦滋味。

INFO

🏠 台南市海安路一段 9 號
☎ (06) 222-2031
🕒 下午 5 時至晚上 11 時 30 分

福樓小館
美味平價，老饕最愛

府城美味到處飄香，大宴小酌任君選擇，「福樓小館」是許多人的最愛，從海鮮、川菜、日本料理到各種燒烤，美味且平價，從公司大老闆到勞工階層都說讚。

生猛海鮮展示區任顧客自由挑選。

「福樓」的招牌菜很多，最受歡迎的芋頭番薯，是將炸過的芋頭、番薯加上麥芽糖拌炒，並附上一碗冰水，沾了麥芽糖，外頭冰冰脆脆、裡頭溫熱鬆軟，吃起來有一種幸福的感覺。烤豬腳的火候恰到好處，除卻豬肉的油膩，保留原有風味。黃金蝦捲是純手工自製，油炸後保留火燒蝦原味，加上麵粉、鹽、糖、胡椒粉調味更有香酥感。

三杯豆腐是將九層塔、蔥、蒜、醬料，整個都煲進去與臭豆腐燜香，最適合配白飯。大塊的烤魚下巴，以燒烤的方式，突顯魚肉的鮮嫩口感，整塊下巴和骨頭咬起來香酥可口，配上生啤酒最對味，是很多客人必點菜色。西瓜綿鮮魚湯將台南田野裡的土產小西瓜，拿來醃製成醬菜，再加新鮮的魚一塊烹煮而成，西瓜的清甜搭配魚肉的鮮美，加上一絲絲的酸意，融合成一道色香味俱全的鄉土美食。另外還有黃金蟹肉、炭烤牛小排、燒烤花枝、清蒸處女蟳、銀寶絲瓜、鰻魚米糕、烏魚子炒飯，以及油炸鴨舌等，都是老饕心中的最愛。

1. 鹹酥蝦。
2. 鹹酥烤鴨舌。
3. 鰻魚蓋飯。
4. 烤花枝。
5. 蝦捲蝦丸盤。

美食報馬仔

菜色料理多元化、有特色，各式海鮮、燒烤、湯鍋、台菜，新鮮就好吃。

李光展
（資深媒體人）

第一次來嘗鮮，聽老闆的準沒錯。

楊荃寶
（民生報特派員退休、UUTW 新聞網總監）

美食情報站

菜色多元富新意

「福樓」的海鮮類食材，貨源都是從澎湖、安平港、興達港等地採買當日生猛海鮮，各種肉類、蔬果也每天進貨，新鮮無虞，同時不斷研發新菜色，隨時針對點食率高的料理進行創新改良，菜色新、樣式多，共有包括台、中、日式等 3 百多道菜有供選擇，是一大特色。

INFO
🏠 台南市永華路一段 300 號
☎ (06) 295-7777
🕐 上午 11 時至下午 2 時，下午 5 時至晚上 10 時 30 分

重視採光的空間營造，很有休閒味。

Dawn Room 咖啡・明堂
堅持純手工，用心賣咖啡

成功打造台南「ORO咖啡」知名度的陳曉明，轉戰安平區，重新型塑「Dawn Room 咖啡・明堂」，一樣的理想、一樣的願景，要讓台南人和所有同好，在優雅寧謐的空間中，靜心品嘗好的咖啡、好的餐點。

在 Dawn Room 咖啡·明堂，他們希望提供消費者一個清淨明亮、徹底分眾的咖啡文化「私空間」，老闆說，好咖啡不能大量複製，每一杯都得用心烹調，所以自己炒咖啡豆，火候、鮮度才能一手掌握，他天天喝咖啡，稍有偏離就請員工再修正，強調「賣咖啡是純手工業，技術和美味是喝出來的。」；另提供吐司、三明治、義大利麵、千層麵等各式餐點；現烤舒芙蕾有濃濃蛋香，在台北一客賣 300、400 元，相較之下這裡便宜許多。

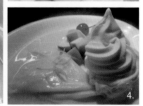

1. 客人可以目睹服務人員烹煮咖啡過程。
2. Dawn Room 打造了優雅靜謐的空間。
3. 從咖啡可以感受到老闆的用心。
4. 法式口味的橙香薄餅，作法、口味都很獨特。

美食報馬仔

老闆用心煮咖啡給客人喝，你不用心喝他的咖啡，他會很不爽。

李光展
（資深媒體人）

美食情報站

獨具特色的橙香薄餅
手工繁複的橙香薄餅，用蛋黃、玉米粉、鮮奶攪和後，慢火煎 1 分鐘成為薄餅，浸在柳橙汁加香甜酒調製的汁液中，外加自製霜淇淋，點綴上蘋果、奇異果、柳橙等水果片，趁熱吃有「冰火」的特殊口感。

INFO
⌂ 台南市建平路 139 號
☎ (06) 293-4139
🕐 上午 9 時至晚上 9 時

灣裡火城麵
60年老店,忘不了的家鄉味

台南市南區灣裡的美味老店「火城麵」,已有60年歷史,從招牌火城麵到以狗母魚酥為主的各種乾、湯小吃與拼盤組合,是伴隨許多灣裡人成長的鮮美滋味。

火城麵、九母魚酥、綜合盤搭配組合,是道地吃法。

火城麵的各式小吃,以招牌麵、狗母魚酥、綜合羹湯最受歡迎。招牌麵是以特製台灣油麵,燙熟後淋上獨家配方的肉燥,加上狗母魚酥、魚丸、大腸、虱目魚及肉片等,配料豐富,吃時清香爽口,沒有油膩感。狗母魚酥是以新鮮狗母魚肉攪製,炸約5、6分鐘至外酥內香、內餡軟Q可口。綜合羹湯則以店內看得到的各種小吃,隨意搭配組合,如虱目魚皮、魚丸、大腸、狗母魚酥等,可謂「俗擱大碗」。

一般來說，客人最喜歡點用招牌麵、狗母魚酥、拼盤組合套餐，尤其是狗母魚酥，經常一吃 2、3 盤仍意猶未盡。狗母魚酥除了正餐吃外，也可當零嘴，店家還提供外帶桶裝，是極受歡迎的伴手禮。

1. 豬頭皮、豬耳朵也是熱賣的切盤（依時價計費）。
2. 炸得酥酥的九母魚酥隨時在料理台趁熱供應。
3. 招牌火城麵配料豐富，一碗 50 元。
4. 火城麵標誌宣揚店家傳統特色。

美食報馬仔

地方知名小吃，若到台南黃金海岸一遊，一定要來吃招牌火城麵和狗母魚酥。

翁資雄
（書法家、退休國中校長、台灣首府大學前主任祕書）

美食情報站

加工製作的狗母魚

狗母魚（也稱九母魚）漁獲量相當大，但因細刺太多，以及肌肉纖維較長，直接食用口感不佳，所以主要是加工成魚丸、魚鬆、魚板、魚漿等，小時候媽媽自己炒狗母魚鬆的香味，是許多中壯年朋友難忘的記憶。

INFO

⌂ 台南市灣裡路 404 號
☎ (06) 262-2567
🕐 上午 9 時至晚上 7 時 30 分

【海安路、夏林路美食區】

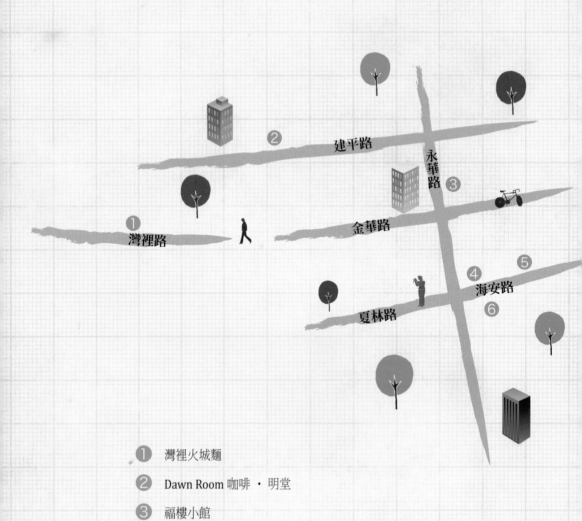

① 灣裡火城麵

② Dawn Room 咖啡・明堂

③ 福樓小館

④ 百年御膳養生鍋

⑤ WiWe 義法廚房

⑥ 矮仔成蝦仁飯

【國華街傳統小吃街】

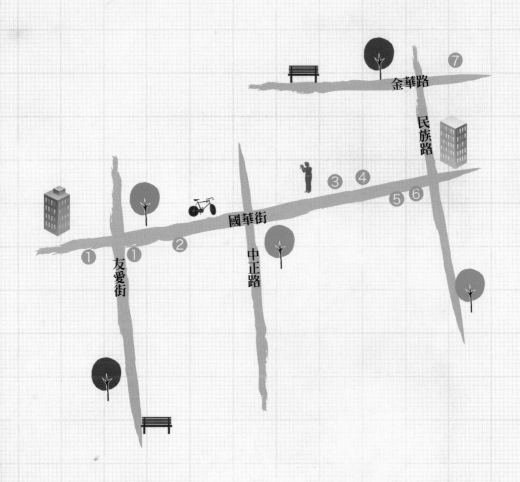

1 游爸爸、林家白糖粿和番薯椪   5 富盛號碗粿

2 葉家小卷米粉   6 金得春捲

3 修安黑糖剉冰、扁擔豆花   7 石春臼海產粥

4 阿松割包

富盛號碗粿
留住香味，蒸有技巧

台南地區好吃的碗粿不少，但有近 70 年歷史的老牌子「富盛號碗粿」，粿質結實 Q 軟有彈性，配料多、肉燥香濃，口感就是不一樣。

剛蒸出爐的碗粿，還是熱氣騰騰的。

碗粿製作過程繁複，從磨米漿到蒸煮碗粿，耗時費力，需要 5、6 名人手同時進行。碗粿的主要原料選用囤放 1 年以上的在來米，因為舊米水氣漸失後，口感比較 Q。製作前，將米泡水半個小時後研磨，一邊加入滾水成為米漿，米漿的濃稠度決定碗粿的 Q 度。碗粿的濃香則來自肉燥和米漿內的配料，除了自家熬製的肉燥外，瘦肉、蝦子是主要配料，將新鮮生瘦肉、蝦

子及肉燥放在碗底,然後沖入米漿,在大鍋中蒸煮 20 分鐘,因過程覆蓋緊密,香氣不外洩,配料與米香一起入味。

「富盛號」碗粿的特色,在於自家發明的大鍋加蓋,煮出來的碗粿特別有香味,與一般機器製作的碗粿口感不同。富盛號的碗粿中間有凹洞,主要是因為炊蒸的時間久,使得整碗粿扎扎實實而自然出現。

1. 用竹片匙挖碗粿吃更有古早味,再配上一碗虱目魚羹,才是府城道地小吃,碗粿一碗 30 元,虱目魚羹一碗 30 元。
2.3.4. 將新鮮生瘦肉、蝦子及肉燥放在碗底,然後沖入米漿,在大鍋中蒸煮 20 分鐘,因過程覆蓋緊密,香氣不外洩。

美食報馬仔

米粿 Q 軟有彈性,肉燥和蝦米香醇不油膩,一定要加醬汁、蒜汁,才顯得出美味。

李章文
（救國團花蓮縣團委會總幹事）

美食情報站

精心調製的醬料

碗粿料好實在,淋在碗粿上的醬油膏更增添美味。醬油膏也是吳家精心調製,用肉骨及瘦肉熬煮出來的湯汁,加入醬油及番薯粉製成,吃碗粿時一定要沾,如果再加上一些大蒜汁,就更美味了。

INFO

🏠 台南市西門路二段 333 巷 8 號
☎ (06) 227-4101
🕐 上午 7 時至下午 5 時 30 分（賣完為止）,週四公休

老闆娘金鳳會在客人點食後，將煮熟的小卷在米粉大鍋內燙幾秒，再一起端上桌。

葉家小卷米粉
口感鮮 Q，獨領風騷

全台首創的葉家小卷米粉，原經營烏魚米粉、皮刀魚米粉攤，因為安平漁
港漁船常捕獲大量的小卷，春冬之際又逢漁獲貨源不穩，乃嘗試用新鮮小
卷配上熟煮的糙米粉，果然獲得顧客喜愛，小卷烃出的「台南甜」鮮美湯
汁，打出葉家小卷米粉 60 多年的獨家招牌，也奠立了葉家在台南小吃界的
地位。

為　了小卷的新鮮度，葉家人每天清晨 5 時不到，就要將小卷一隻隻洗乾淨，去
除內臟、分開小卷頭和身軀，再清洗後切成肥厚的一段段，煮熟撈出瀝乾備
用，一鍋熱騰騰的米粉，不斷地加入小卷，燙熱後舀到碗內送上桌。

大鍋內的米粉，是以糙米特製的粗米粉，像麵條般粗的糙米粉，一煮就斷成一截一截，卻久煮不爛，吃起來的口感 QQ 脆脆有彈性，加上新鮮小卷的鮮韌咬勁，風味果真特殊，湯汁清清甜甜的，只加一些芹菜片和胡椒粉，就鮮美無比。

1. 糙米做的粗米粉比一般細米粉更具咬勁。
2. 新鮮大塊小卷在整碗糙米粉中，相當醒目，小卷米粉一碗 90 元。
3. 煮熟的新鮮小卷。

美食報馬仔

小卷切片新鮮又細脆，配上像米苔目般的粗米粉，風味絕佳，小卷要沾醬油吃更有味道。

陳淑慧
（前立法委員）

美食情報站

讓李安想念的味道
國際級大導演李安返鄉參加金馬盛會時，曾特別到店裡，回味高中時代吃過的小卷米粉，頻頻稱讚小卷很新鮮，說他旅居美國，一直很想念這個味道。

INFO

🏠 台南市國華街二段 142 號
☎ (06) 222-6142
🕐 上午 8 時 30 分至下午 4 時（賣完為止），週一公休

游爸爸、林家白糖粿和番薯椪

懷舊零嘴，對年輕人的味

白糖粿說來簡單，做起來卻不容易，即使在以小吃聞名的台南，也少有人在做，目前以國華街和友愛街口的「游爸爸」和對面林姓母女、夏林路建安宮牌樓下，以及民族路二段趙家等店攤為主，他們都是將近60年的老攤位了。

街頭古早味小吃攤一賣就是50、60年。

白糖粿，其實就是長條形的油炸糯，也就是將糯米漿結塊後揉成的長條狀，在油鍋中炸過，趁熱在花生糖粉中滾一圈，淡淡甜味和著花生香氣的糖粉，裹著又酥又軟又Q的糯，輕輕咬下，在口中細細地咀嚼。其魅力就在於外皮香脆，裡面卻像麻糬一樣Q軟有彈性，就像在吃熱麻糬、日式烤麻糬，但因為是用炸的，口感比熱麻糬、日式烤麻糬更佳。

番薯椪則是以地瓜加番薯粉調製而成，再加以油炸，裡面包著香香的花生粉和砂糖，炸過後膨脹成金黃色，咬下去香香的地瓜味及花生味，很合年輕人的口味。

美食情報站
沙拉包特殊滋味
「游爸爸」的攤子，除了白糖粿、番薯椪，還有沙拉包，炸得又香又Q的外皮，包著滿滿自製的沙拉醬，雖是油炸的卻不會油膩，加上香腸及小黃瓜，口味特殊；另有燻雞堡、鮪魚堡，以及脆皮甜甜圈、脆皮奶酥包、脆皮芋頭包，都是吸引逛街年輕人排隊的餐點。

1. 現炸的白糖粿、番薯椪、芋頭餅，每份3個20元。
2. 番薯椪內包花生粉和砂糖，油炸後趁熱吃，香香的地瓜及花生味，令人著迷。
3. 擺攤已有60多年的白糖粿老店，人氣不墜。

INFO ───────────────
🏠 台南市國華街、友愛街口兩攤位
🕐 中午12時至晚上8時

修安黑糖剉冰、扁擔豆花

古法製作,堅持真香味

創業之初,謝明融每天挑著傳統豆花攤,穿梭市區大街小巷 20 公里以上,沿路叫賣,當時他認為賺錢多少無所謂,而是心中有一份傳承的使命感,「要把好吃的豆花,用最古老的方式推銷出去」。

因對製作豆花有興趣,謝老闆特地向在赤崁樓挑攤子賣豆花 50 年的洪江鴻老先生學習製豆花要領,他每天凌晨 3 點多起床磨豆做豆花、煮黑糖、製作黑糖粿及準備冰店的各項配料。他堅持「古早味、真香味」,熬煮黑糖汁時,以黑糖、紅糖加入少許水,慢火細熬讓糖汁徐徐釋出,起泡沸滾時再添加甘草、仙渣等提味,待冷卻後加入冰中,感覺鮮甜美味不澀口。

黑糖剉冰各種配料都是自己調製。

黑糖粿則是以精選地瓜粉調入一定比例的清水，攪拌均勻後，快速倒入熬煮好的滾燙黑糖汁中，迅速互攪，當地瓜粉遇熱就呈現出黑稠黏結、晶瑩剔透的果凍狀，隨後再由機器攪動加溫，使成形的黑糖粿徹底熟透，即可待其自然冷卻，或裝入容器中冰鎮，黑糖粿雖呈現拙樸的外貌，吃進口中卻滑潤爽口，甜而不膩。

1. 修安古早味豆花，綿密滑潤。
2. 晶瑩剔透的黑糖粿外觀拙樸卻清涼爽口。
3. 扁擔豆花成為謝明融開創事業的標誌。
4. 修安黑糖剉冰配料豐富，一碗 45 元，還可另外加點烤布丁一起吃。

美食報馬仔

黑糖粿、自製布丁都是代表口味；豆花加黑糖粿、布丁，或豆花加布丁、芋頭，都很不錯吃！

林筱培
（成大醫院護理師）

豆花很有古早味，黑糖八寶剉冰，滿滿一碗，清涼有勁！

盧彥均
（公關公司經理）

美食情報站

親手自製的配料

黑糖剉冰的配料，都是老闆夫妻親手熬煮製作，有紅豆、綠豆、大豆、芋頭、地瓜、花生、薏仁、粉粿、粉條、蓮子、圓仔、粉角、仙草、愛玉、杏仁等，客人可自選 5 項配料，炎炎夏日裡來上一碗，讓人感覺清涼暢快，如再添加超人氣的自製布丁，更加美味。

INFO
⌂ 台南市國華街三段 157 號
☎ (06) 226-1069
🕐 上午 8 時至晚上 10 時

阿輝炒鱔魚
名人粉絲多，台北有分店

鱔魚是台灣南部，尤其是台南的知名小吃，台南「阿輝炒鱔魚」，美味名聲從府城遠播到台北，撫慰了許多在台北打拚的府城遊子思鄉心靈。

1. 許全輝炒鱔魚知名度遍及南北。
2.3. 快炒鱔魚重在火候的掌握，許全輝很快地炒出一盤美味鱔魚。

阿輝的乾炒鱔魚將鱔魚塊與蔥段、洋蔥、蒜頭等一起下鍋，以大火熱炒，加入豬油，「轟！轟！」隨著鍋內火焰竄起，再快速翻炒，轉小火加醬汁，在二度噴出小火苗之際再翻炒二、三下，隨即關火，如果是鱔魚意麵的話，則將炒好的鱔魚勾芡後，再加熱數秒待其滾沸，連同湯汁一起舀入燙熟的意麵內即成。乾炒鱔魚大概20秒左右就可搞定，如果是鱔魚意麵，炒鱔魚的時間更快，因為要留些時間給勾芡時滾沸，煮太老就沒有清脆口感、不好吃了！阿輝的特調醬汁是用糖、黑醋、白醋、醬油、鹽、味素、調味料等，用慢火熬煮2個小時以上，再冷卻備用，其中，醋是選用新北市有110多年

美食報馬仔

> 炒鱔魚配紅酒，鮮脆、香醇我最愛！

劉文景
（紅酒經銷商）

> 鱔魚肉新鮮無腥味，快炒維持彈牙口感，藥膳鱔魚湯很滋補，沒喝過的可試試。

謝龍介
（台南市議員）

歷史的老醋，每一盤炒鱔魚都有甘甜無比的湯汁在盤底，有人吃後還舔個精光。

麻油炒鱔魚則是將麻油、鱔魚、老薑一起炒，一上桌就能聞到香氣；乾炒花枝意麵則是將一整隻的新鮮花枝，與洋蔥、高麗菜、青蔥一起炒，再加入意麵快炒，口感特別，花枝鮮甜有咬勁。

美食情報站

名人推薦的好味道

阿扁女兒陳幸妤搬到台南後，常到西門路的店裡外帶鱔魚意麵或乾炒鱔魚；前總統夫人周美青也來吃過！在台北市開的炒鱔魚分店，有更多南部鄉親光顧，如前總統府祕書長曾永權、曾任行政院副院長的林信義，以及曾任司法院副院長的城仲模等。至於藥膳養生湯類，如藥膳養生腰子湯等，都是用鱔魚骨加涼補藥材燉一整天而成，何麗玲也相當推薦。

1. 乾炒鱔魚的鮮甜美味在湯汁中吃的到，一盤180元。
2. 魚脆、湯鮮、麵Q，盡在乾炒鱔魚意麵中，一碗180元。

INFO

🏠 台南市西門路二段 352 號（總店）
☎ (06) 221-5540
🕐 上午 11 時至隔天凌晨 1 時

🏠 台南市公園路 864 號 1 樓
☎ (06) 282-4606
🕐 下午 3 時 30 分至隔天 0 時

🏠 台北市中山區吉林路 87 號（台北門市）
☎ (02) 2531-8053
🕐 上午 11 時至下午 2 時 30 分，下午 4 時 30 分至晚上 9 時

小豪洲沙茶爐

火鍋老店,傳統味取勝

「小豪洲沙茶爐」,從最初創店時僅有4張桌子,到現在4間店面可容納數百人同時用餐,50多年來,傳承廣東汕頭沙茶爐口味,美味的湯頭、豐富的食材,加上特調沙茶醬,是台南地區最具傳統代表性的火鍋料理,更是老台南人記憶中的美味火鍋代表。

豐富、新鮮的食材。

小豪洲生意無淡旺季之分，每到假日更是座無虛席。至今維持祖傳祕方的傳統口味，湯頭是以豬骨和炸過的扁魚、蝦米、冬菜不斷熬煮而成，各式手工自製狗母魚魚丸、魚餃、魚卷等，也都是現做現賣、新鮮供應。

創店之初，除了賣火鍋，還賣現炒小菜，但因生意好到客人點的菜都來不及上就吃飽了，為了維護品質，減少讓顧客等待的時間，才結束現炒，專心賣汕頭沙茶火鍋。

美食情報站

一吃上癮的獨門沙茶醬

特別調製的沙茶醬沾料，可說是鎮店之寶，主要成分是花生粉和蒜頭，加上 30 幾種漢方中藥拌製而成，吃起來口感甘甜，一吃上癮。如果在店內吃不過癮的話，還備有精緻伴手禮盒，方便客人買回家，拌飯拌麵都好吃；亦提供宅配服務。

1.2. 各項食材有手工自製的狗母魚魚丸、魚餃、魚卷等，
　　現做現賣、新鮮供應。
3. 以豬骨和炸過的扁魚、蝦米、冬菜熬製的美味湯頭。
4. 創店老闆娘蘇玉葉親自打理風味獨特的火鍋沾醬。

美食報馬仔

火鍋平價，卻有著好湯頭和獨家沙茶醬。很多食客為此沾醬而來。

張力中
（台南一中教師、台南啟蒙文教學會總幹事）

沙茶醬風味佳，若吃不過癮還可以買回家。

楊荃寶
（民生報特派員退休、UUTW 新聞網總監）

INFO

🏠 台南市中正路 138 巷 11 號（本店）
☎ (06) 220-4164
🕐 上午 10 時至晚上 11 時 30 分

🏠 台南市中山路 111 號（中山店）
☎ (06) 220-5777
🕐 上午 10 時至晚上 11 時 30 分

「紅茶伯」許天旺堅持不用機器，親手調製現搖的甘醇茶香。

雙全紅茶
現沖手搖，機器沒得比

大熱天喝杯冰涼紅茶很過癮，傳承 60 多年的「雙全紅茶」，堅持不用機器，親手調製現搖的甘醇茶香，更讓許多人幾乎天天報到。

雙全紅茶創店人張番薯於日據時代，在日式居酒屋擔任調酒師，光復後將調酒的器具改成搖紅茶的工具，賣起手搖現沖紅茶。後來他將沖調紅茶技術傳給親戚許天旺，許天旺一賣 30 多年，喝「雙全」紅茶的顧客，從牙牙學語到結婚生子，兩代一起來喝「紅茶伯」的紅茶。

1.「紅茶伯」許天旺現搖招牌紅茶,一杯25元。
2. 位在舊市區小巷內的雙全紅茶。

「雙全」採用阿薩姆紅茶,以慢火加熱熬煮,緩緩調出甘蔗糖香甜味,加入糖水、冰塊,用手搖出柔細的泡沫,琥珀色加上冰冷的水氣,望之神清氣爽,入口後滿嘴清涼醇潤,茶香洋溢。

另外,將紅茶與鮮乳以2:1的比例,即可搖出香醇奶茶;或滴入幾滴檸檬汁,調成酸酸甜甜的檸檬紅茶;還可將熱紅茶混調少許白蘭地或威士忌,口感非常獨特。

美食報馬仔

冰涼香醇,夏天最佳解渴飲料,打中正路經過一定要進來喝一杯!

戴明輝
(退休國中校長)

INFO ────
⌂ 台南市中正路131巷2號
☎ (06)228-8431
🕐 上午10時至晚上7時,週日公休

卓家汕頭魚麵
魚做的麵條，全手工製成

「卓家汕頭魚麵」用狗母魚手工打漿做成的「魚麵」，全台少有、口味特殊，比一般麵條多了新鮮魚肉香甜味，有類似魚餃皮的脆 Q 咬勁，又比魚丸多了厚實的嚼勁，讓喜歡嚐鮮的府城饕客趨之若鶩，很快就打出知名度。

以狗母魚漿製成的魚麵，麵條 Q 軟香脆，一碗 45 元。

從打魚漿中得到靈感，研發出的魚麵，是將清理乾淨的新鮮魚肉打成魚漿，和入些許太白粉揉製成團，再逐一切段做成麵條，全靠手工辛苦製成。每天一早要到漁市收購新鮮肥大的狗母魚，現剖清洗，從下午 5 時開始打魚漿，一直做到隔天清晨 1、2 點，為了避免溫度提高影響品質，打魚漿的過程中，必須要隨時加入碎冰降溫。

魚漿除了製作麵條，還可製成捲狀、類似「冊」字的魚冊，以及魚餃、魚丸。

最棒的吃法是來碗拌了碎魚肉和豬肉絲、青菜、紫菜片、胡椒粉與香油的乾魚麵，加上一碗魚冊湯，或是包含魚冊、魚丸、魚餃的綜合湯，浮在以狗母魚骨熬成的清甜高湯上，每一粒魚冊、魚丸、魚餃都 Q 脆彈牙。

1. 卓家第二代卓明杰已接棒製作魚麵。
2. 以魚漿手工製作的魚冊，因類似「冊」字而取名。
3. 魚冊煮在魚骨熬成的湯中，味鮮料佳。
4. 製作好的魚麵揉成一團一團，準備下鍋煮。

美食報馬仔

冰新鮮狗母魚漿揉製而成的麵條，很 Q、很鮮；魚冊、魚丸湯，湯汁香甜，一定要點來吃。

翁資雄
（書法家、退休國中校長、
台灣首府大學前主任祕書）

美食情報站

最當令的時節
九月入秋後，南部海域狗母魚較多且肥碩，魚漿口感特別好。

INFO

🏠 台南市民生路一段 158 號（民生老店）
☎ (06) 221-5997
🕙 上午 10 時至晚上 9 時

🏠 台南市中華東路三段 50 號（中華總店）
☎ (06) 288-4906
🕙 上午 11 時至晚上 8 時

伍分菊海鮮碳烤餐廳
傳統中有新意，客層全壘打

因餐廳地點在台南市警局第五分局轄區內，即以「伍分菊」為名，開業 10 年，老闆勇於從傳統中改良創新，不但緊緊拴住老顧客的胃，更開發了許多新客源。

海產粥用豬大骨和旗魚骨熬煮的高湯綜合而成湯底，內含結實 Q 軟的米粥及旗魚、鮪魚細肉和蚵仔、花枝、蝦、魚板、新鮮蔬菜等，味道鮮甜。

伍分菊最受歡迎的是內容豐富的海產粥，用豬大骨和旗魚骨熬煮的高湯綜合而成湯底，內含結實 Q 軟的米粥，以及旗魚、鮪魚細肉和蚵仔、花枝、蝦、魚板、新鮮蔬菜等，味道鮮甜，很多客人吃不過癮，還外帶回家，老闆會貼心交代服務員多給一袋湯底，讓客人回家再添米飯煮粥。

花枝丸和杏仁蝦棗綜合盤新鮮味美，花枝丸以每天從高雄興達港買回來的新鮮貨炸成；杏仁蝦棗則以杏仁和新鮮旗魚、蝦子絞漿製成後再油炸，杏仁味道襯映出魚蝦的鮮美可口，令人齒頰留香。比較費工的是蟹絲蝦捲和冷筍具

菜式多，且經常推陳出新，必點海產粥，海鮮料新鮮可口。

李俊興
（台南市省躬國小校長）

大宴小酌都適合，很受年輕食客歡迎。

盧陽正
（出版社總經理）

足煮（取日式料理之名），前者的蠶絲是用美國麵線纏在蝦捲外，油炸後包著新鮮葉菜食用；後者是將新鮮綠竹筍切半挖出筍肉，以醬油、糖燜燒後，放進空的筍身內上桌。

口味奇特的有苦瓜尚蟳，將苦瓜和新鮮肥美的菜蟳一起蒸煮，湯汁鮮美；椰汁藥膳鮮蝦以椰子汁和枸杞、紅棗、黃耆、當歸等中藥材，一起燉煮鮮蝦，湯汁清甜可口，養生又健康；墨魚香腸則是以墨魚魚漿灌製，煎煮後口感軟酥，配上幾粒小蒜頭更為美味。

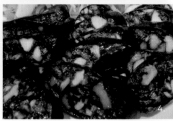

1. 蠶絲蝦捲外型奇特，香酥可口，受年輕族群喜愛。
2. 花枝丸和杏仁蝦棗綜合盤以當天新鮮魚貨絞漿製成。
3. 苦瓜尚蟳以苦瓜和新鮮肥美的菜蟳一起蒸煮，湯汁最為鮮美。
4. 墨魚香腸香脆細潤。

INFO

🏠 台南市北安路一段 149 號
☎ (06) 282-8205
🕐 週一至週五下午 5 時至隔天凌晨 1 時；週六、日上午 11 時至下午 2 時，下午 5 時至隔天凌晨 1 時

美食情報站

韓式口味深受喜愛
把韓式燒肉包裹在廣東 A 菜葉內，沾上特殊沾醬，與另一道韓式海鮮煎餅，皆受到年輕顧客群的歡迎。

黎巴嫩玫瑰巴貝羅斯烘焙工場

天然烘焙，新食概念

老街、老屋，店鋪自然呈現出來的一種閒散、輕鬆生活態度，內外都一樣，沒有絲毫造作。「黎巴嫩玫瑰」強調飲食新觀念，以新鮮實在的材料，做出健康純粹的手工烘焙與餐點。

陳淇鴻煮咖啡專注神情。

做室內設計起家的陳淇鴻投入烘焙、餐飲 30 幾年，手工餅乾是他的拿手，義大利麵、蔬食鍋到目前經營的純手工天然烘焙、PALATA 烤餅配義式特製沾醬套餐，以健康概念和創意品質為發揮的訴求，一直是他的最愛，更是一貫堅持的生活純度與簡單態度。

各種口味的手工餅乾有巧克力米果、牛奶芝麻、薰衣草、堅果抹茶、葡萄奶酥、杏角奶酥、果餡餅乾、香草脆片、香橙餅乾、海鹽牛奶辣片、英式小圓球、薩馬波沙糖球……以新鮮實在的材料，研製出耐人尋味而扎實的口感，而且不見匠氣與巧飾，片片是質樸的印記。

強調飲食新觀念的 PALATA 烤餅，以 pizza 的作法，烤出自然風味的麵皮香，再佐以主廚特調的白酒蛤蠣、燻鴨蘑菇、野蔬百菇、卡布里海鮮等沾醬和時令沙拉，風味獨特，更是一種新食概念。

1. 手工餅乾和茶飲。
2. 燻鴨蘑菇醬烤餅套餐一份 280 元。
3. 各式手工餅乾。
4. 花茶聞香瓶。

INFO

⌂ 台南市信義街 23、25 號
☎ 0963-816186
🕐 上午 11 時至晚上 7 時

美食情報站

創意健康養生茶

黎巴嫩玫瑰是烘焙工場、也是茶店，陳淇鴻親手創意調配各式健康養生花茶，也採「都不理」的態度，讓大家來親手玩遊戲茶、喝美麗的美容茶、品氣質的英式加味茶、來探索神祕中東舞孃的厚底奶茶……。

【西門圓環周邊】

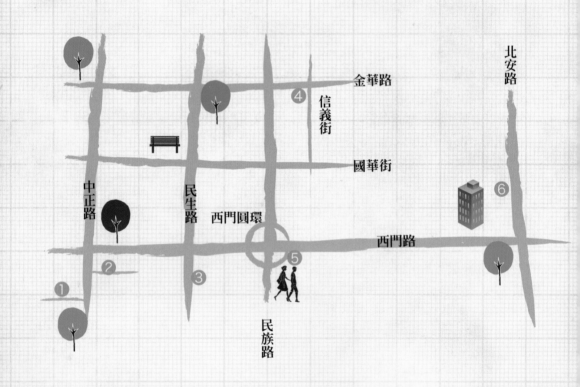

金華路

北安路

信義街

④

國華街

中正路

民生路

西門圓環

西門路

⑥

⑤

②

③

①

民族路

① 雙全紅茶　　　　⑤ 阿輝炒鱔魚

② 小豪洲沙茶爐　　⑥ 伍分菊海鮮碳烤餐廳

③ 卓家汕頭魚麵

④ 黎巴嫩玫瑰巴貝羅斯烘焙工場

【小西門舊址】

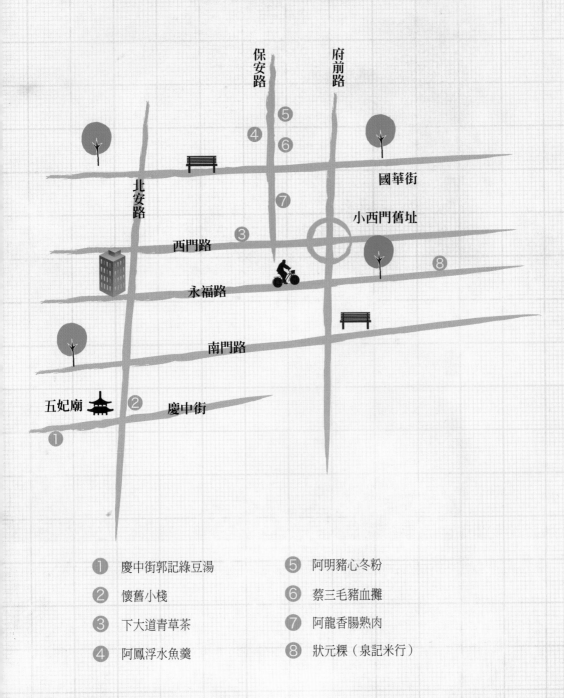

保安路

府前路

國華街

北安路

小西門舊址

西門路

永福路

南門路

五妃廟

慶中街

① 慶中街郭記綠豆湯　　⑤ 阿明豬心冬粉

② 懷舊小棧　　　　　　⑥ 蔡三毛豬血攤

③ 下大道青草茶　　　　⑦ 阿龍香腸熟肉

④ 阿鳳浮水魚羹　　　　⑧ 狀元粿（泉記米行）

沁涼消暑的綠豆湯每碗 30 元。

下大道青草茶、慶中街郭記綠豆湯

府城呷冰，兩帖「涼方」

府城賣古早味青草茶的攤位中，歷史最悠久的當屬西門路上，開業已 60 多
年的「下大道青草茶」；另一家「慶中街郭記綠豆湯」創立 20 多年來，不
僅在地人喜愛，也常有觀光客按圖索驥前來，炎熱的夏天到府城，一樣可
以享受清涼的感覺。

「下大道」所賣的青草茶，以採自嘉義、南投山區的黃花仔草、桑椹
葉、赤查某等消暑止渴的青草為主，在水未煮開前，就將青草等
材料投入鍋中，讓青草與水滾沸數分鐘，再加純糖攪拌，冰涼後口感香純，
是大熱天的解渴「涼方」。

除了青草茶，這裡還賣蓮藕茶，取其清香降火。蓮藕茶是先將蓮藕用果汁機
攪碎， 在水未滾開時投入鍋中熬煮約半小時，待蓮藕香味與粉色出現，再加

糖冰涼，就成一杯色、香、味俱全的蓮藕茶。

「慶中街郭記綠豆湯」因為創始總店就在市立棒球場對面不遠，許多職棒選手也都愛喝，比賽前常看到球員外帶回場內。

綠豆湯自古以來即是清涼聖品，生津止渴，郭記老闆說，要煮出好喝的綠豆湯，火候很重要，每天下午熬煮6至8小時的綠豆湯，要隨時注意火候的控制、水量的多寡，以掌控湯色的濃淡與甜度，再加入熬煮的特選砂糖糖漿，冰涼後更可口，清甜而不膩。除了傳統加自製粉角的綠豆湯外，還有綠豆汁、薏仁湯、紅豆湯、紅豆汁、綠豆薏仁湯、紅豆薏仁湯、紅豆杏仁湯等。

1. 下大道青草茶、蓮藕茶，大杯 25 元。
2. 慶中街郭記綠豆湯，吸引饕客專程上門品嘗。

美食情報站

南部特有的 Q 脆粉角

「粉角」是南部特有的甜點配料，半透明的，形狀像冰塊，郭記的粉角是由綠豆粉手工製作而成，嘗起來 QQ 脆脆，很有咬勁。

INFO

下大道青草茶
⌂ 台南市西門路一段 775 號
☎ (06) 223-4260
🕐 上午 8 時至晚上 11 時

慶中街郭記綠豆湯（總店）
⌂ 台南市慶中街 16 號
☎ (06) 213-7868
🕐 上午 10 時至晚上 8 時（賣完為止）

懷舊小棧
豆腐奇「冰」，人氣第一

豆腐冰帶動了一股冰品文化，「懷舊小棧」出奇制勝，以古早味的剉冰，加入豆腐冰不同的元素，將豆腐冰美味充分發揮。

懷舊小棧的冰品以杏仁豆腐冰、抹茶豆腐冰、鮮奶豆腐冰 3 大類為主軸，再依客人喜好加入紅豆、綠豆、薏仁、蓮子、芋頭、地瓜、草莓、巧克力、百香果、芝麻等口味。復古加流行，將剉冰妝點得花俏可愛、清爽可口，連平時不太吃冰的人，也忍不住想嘗一口，年輕學生聚會、親子團聚、外來遊客，更不會錯過大啖一碗的冰涼快感！

這裡的豆腐冰真材實料、口感扎實，像杏仁豆腐就是以整顆杏仁研磨融合煮熟，製作費工，夏天吃清潤滋養。真的不喜歡吃冰，也有銀耳湯、薏仁湯等清涼退火的甜品可選擇。

抹茶豆腐冰加紅豆、綠豆、薏仁，清新養生。

生意這麼好，但許多客人都好奇，老闆陳文泉夫妻怎麼會經常眉頭深鎖？原來他們的次子在 10 多年前就讀國小三年級時，罹患腎上腺腦白質退化症（ALD）發病。這幾年來，夫妻兩人更加賣力做生意，而經由媒體報導後，許多年輕學生也在網路上替「懷舊小棧」宣傳，更為他們加油、祈福。虔信佛教的老闆夫婦認為，兒子病情有起色，就是因為有大家的愛心支持，對愛護「懷舊小棧」的顧客更是感恩。

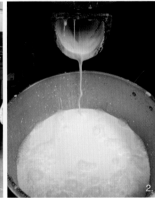

1. 店內客滿了，坐在外面樹下也可以吃冰。
2. 杏仁磨成汁液，點滴聚集成潔白的杏仁豆腐原料。
3. 杏仁豆腐冰加大塊地瓜，清涼又健康。
4. 先備好料再加剉冰，一碗一碗清涼爽口的冰品從這裡開始。

美食報馬仔

豆腐冰晶瑩剔透且濃郁香醇，一定要加地瓜、芋頭。

林筱培
（成大醫院護理師）

杏仁豆腐口感滑嫩似奶酪，是道沁人的甜品

張力中
（台南一中教師、台南啟蒙文教學會總幹事）

便宜又好吃，多種配料、醬料隨意搭。

蔡羿嫻
（旅澳學生）

INFO

🏠 台南市五妃街 206 號
☎ (06) 215-8157
🕐 上午 10 時 30 分至晚上 10 時

狀元粿在「泉記米行」老闆娘蔡春月的手中，以傳統方式嫻熟快速地製作出來。

椪糖、狀元粿
四、五年級生，童年的滋味

在民國四、五十年，物資缺乏的年代，孩童們偶爾能夠吃到長輩從廚房挖出一些紅糖、黑糖來煮椪糖，就是一種幸福了！來到府城，除了令人回味的傳統小吃，也別忘了嘗嘗少數流傳下來的兒時零食——煮椪糖、狀元粿，重溫童年記趣。

每逢假日，在台南武廟就可看到賣現煮椪糖的攤車；安平的「台灣第一街」延平街上，也有業者提供爐具及原料讓人煮椪糖，而且還提供「一對一」教學，讓小朋友體驗。煮椪糖的原料只有紅糖、黑糖及少量蘇打粉，先在小

火爐用木炭生火，於勺子內加入適量的紅糖、黑糖及水加熱，並用筷子不斷攪拌，煮成黏稠狀，再加入少許蘇打粉，繼續攪拌，最後倒入杯子後，煮沸的糖漿開始膨脹，冷卻後膨鬆，就成為椪糖，整個過程約3分鐘。

狀元粿的製作頗為費工，必須先將米磨成粉狀，然後在特製的木頭模型中放入米粉，再加入芝麻或是花生餡料，之後再蓋上一層米粉，最上層再撒上一層花生或芝麻餡料。利用水蒸氣，將木頭模型裡的食材炊30秒就熟透了，嘗起來的口感香Q十足，每年考試季節，會有很多家長買狀元粿給考生吃，祈求考試順利。

美食情報站

狀元粿的由來

相傳古時候有位書生進京考試但未中，只好以賣米粿為生，最後考取狀元，並且做給皇上吃，由皇上御賜為「狀元粿」，代表吃了「中狀元」。

1. 狀元粿分別有花生、芝麻口味，大盒 10 粒 130 元，小盒 6 粒 78 元。
2.3. 椪糖是以紅糖或黑糖燒煮而成，吃在嘴裡酥脆香甜，但有人嫌太甜了，只能當做好奇品嘗，或回味古早味。
4. 吃起來香 Q 的狀元粿。

INFO

椪糖

⌂ 武廟前、安平延平街
🕐 週六、日上午 9 時至下午 6 時

狀元粿／王家庄

⌂ 台南市正興街 46 號（正興店）
☎ 0929-393995
🕐 下午 1 時 30 分至 6 時 30 分，週六、日上午 11 時至晚上 7 時 30 分，週二、三公休

狀元粿／泉記米行

⌂ 台南市永福路二段 31 號
☎ (06) 222-6390
🕐 上午 8 時 30 分至晚上 9 時

蔡三毛豬血攤
食材新鮮，絕不隔夜

台南早期的豬血湯是燒柴慢火熬煮後，再用扁擔挑著熱騰騰、燙口的豬血湯，沿街叫賣，位於保安路、國華街口的「蔡三毛豬血攤」，希望能以傳統型態加上多元賣點，吸引顧客。

外號「三毛」的蔡銘峰，擺古早味攤位賣豬血湯。

老闆蔡銘峰傳承叔公的正宗口味，不添加任何防腐劑，每天採買新鮮食材現煮現賣，確保新鮮度及絕佳口感，絕不使用冷藏隔夜豬血，他說，豬血湯是許多人從小吃到老的餐點，口味好壞一吃便知。

另外，以豬大骨熬煮 10 幾個小時作為湯底的招牌綜合湯，除了豬血外，還有小腸、大腸、豬舌、肝連肉，加上酸菜、蔥段，滿滿一碗，料好實在。豬心湯、乾拌豬心、滷大腸頭、手工貢丸湯等，也都是符合傳統台南人口味的道地古早味，一吃即成死忠顧客。

1. 豬血綜合湯內容豐富，小碗 60 元、大碗 70 元。
2. 招牌米粉炒，小 30 元、大 40 元。
3. 乾拌豬心，一盤 70 元。

美食報馬仔

綜合豬血湯配料多，配米粉炒吃更加讚！

劉文景
（紅酒經銷商）

美食情報站

內行人必點好料

除了豬血湯，來到蔡三毛豬血攤，還有一項非嘗不可的美食就是招牌米粉炒，淋上私房肉燥，香醇不油膩，是內行人必點的好料。

INFO

🏠 台南市保安路 46 號（王宮口支攤）
☎ (06)223-8359
🕐 上午 11 時至晚上 8 時 30 分

🏠 台南市永福路 220 號（武廟旁）
☎ (06)222-9930
🕐 上午 11 時至晚上 8 時 30 分

阿隆黑輪攤
老主顧解饞，打包回日本

「阿隆黑輪攤」位在「台灣之光」王建民母校崇學國小及老家附近，是間用木板和鐵皮蓋成的簡陋店攤，有遠嫁日本的老客人，因想念這裡的黑輪味，還特別訂了一堆糯米大腸、甜不辣等，帶回日本解饞！

1. 阿隆（左）與父親吳春同心協力經營黑輪攤。
2. 阿隆黑輪攤各項食物講究料好價實。
3. 新鮮結實的黑輪油炸後切開，可看見皮肉是分開的。

阿隆的糯米大腸是自己灌製的，所以粗細不等，內含大粒精選花生，蒸煮2個小時再風乾冷卻，上桌前再油炸，口感特別Q，很多客人喜歡吃較粗的大腸，覺得咬勁更好。自己做的香腸也是挑選好的腸衣，灌進上等絞肉，先烤熟後經油炸才上桌，「每條香腸，外皮都有細細的絲，就是腸子的微血管，因為大腸、香腸都是精選腸衣，油炸時不會吸油，反而會釋出油分。」

阿隆嚴格要求黑輪、甜不辣的品質，炸過的黑輪，酥酥的外皮和裡面的肉是分開的，他強調這是因黑輪、甜不辣的魚漿質料扎實，炸油也是每天更換，阿隆說現代人注重養生，賣煎、炸食物一定要確保油品衛生。

阿隆黑輪攤賣的黑輪、糯米大腸、米血、甜不辣、香腸、豬皮、大腸頭、豬腸、貢丸等，除了糯米大腸、香腸不能做湯的外，其餘都可吃乾炸或綜合在湯內，客人到攤子前，手指一指愛吃的東西，或隨興一句「阿隆，你處理攏好啦！」阿隆很快就會端上一盤黑輪綜合盤，再附上一碗豬大骨、柴魚熬煮數小時的美味綜合湯。

1. 糯米大腸有粗有細，口感 Q 軟細緻。
2. 香腸是用真正好的腸衣灌製，外皮上的細絲就是腸子的微血管。
3. 黑輪綜合盤可以當點心也可當正餐。
4. 蒜頭放滿杯任由客人取用，阿隆形容為「不惜成本」。

美食報馬仔

看似不起眼的路邊小店攤，但切料豐富，一定要配一碗美味的綜合湯，才算吃過這裡。

李章文
（救國團花蓮縣團委會總幹事）

INFO

⌂ 台南市崇學路 203 巷口
☎ 0981-131255
🕐 上午 10 時至下午 5 時

1.2. 老闆佟慶蘭親自在店門口包製鍋貼、餡餅，餡料新鮮看得見。
3. 牛肉捲餅一份 75 元。

佟記餡餅粥坊
北方麵食，讓族群融合

台南人愛吃、會吃，不只反映於在地傳統小吃上，就連來自大陸北方的餃餅麵食類也很在行，這可從「佟記餡餅粥坊」經常高朋滿座的人氣，得到證明。

佟記餡餅粥坊，在台南市是知名的北方餃餅麵食館，起初顧客大多以外省人為主，但台南在地人很快就加入北方美食行列。佟記最受歡迎的有牛肉、豬肉餡餅與牛肉、豬肉水餃，以及鍋貼和小籠湯包、牛肉和雞肉鮮蝦蒸餃等，都是純手工包的，各種內餡皆以當天採買的新鮮肉類與獨門調味料製成，保證是北方的原汁原味。

各類餅皮使用精選麵粉手工揉製，細緻均勻口感佳，不論蒸的、煮的，吃進嘴裡都是肉香滿頰、肉汁鮮美、Q嫩有彈性。青少年族群和小朋友最喜歡牛肉和豬肉捲餅、鹹抓餅與翡翠抓餅、甜口味珊瑚抓餅，以及蔥油餅，也都是用手工捲了再拉，4次來來回回、捲捲拉拉，入口才會香酥鬆脆。

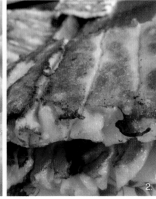

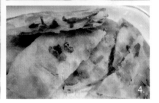

1. 豬肉水餃一粒 5 元、牛肉水餃一粒 6 元。
2. 鍋貼一粒 6 元。
3. 牛肉餡餅一個 35 元、豬肉餡餅一個 30 元。
4. 蔥油餅一份 25 元。

美食報馬仔

傳承大陸北方作法，但也融合了台灣口味，選擇多元受歡迎。

丁仁方
（崑山科大教授）

美食情報站

每桌必點酸辣湯

「佟記」雖然主打「豆漿免費喝」，但上門的客人幾乎每桌都會點上一碗酸辣湯。酸辣湯食材豐富、製作方法道地，吃的到筍絲、冬粉、肉絲、木耳、豆腐等，搭配各種麵食，美味十足。

INFO

🏠 台南市開元路 142 號

☎ (06) 235-6011

🕙 上午 11 時至晚上 9 時 30 分

和記鍋貼
餡豐汁多,咬一口好滿足

喜歡吃鍋貼的人很多,台南市賣鍋貼的老店和連鎖店也不少,位於東區東寧路上的「和記鍋貼」,開業近 20 年,憑著內餡飽滿、味美價廉的鍋貼,賣出好口碑。

半路出家的許忠山賣出好吃的鍋貼和餃類。

老闆每天一早採買新鮮豬肉,絞成碎肉和高麗菜、洋蔥、蒜等攪拌,製作餡料。最具人氣的鍋貼粒粒飽滿、皮薄餡豐、汁多味美,吃過的人都稱讚,尤其是剛出爐時趁熱咬下,滿嘴的鮮甜肉汁與高麗菜清香,讓人有好滿足的幸福滋味。

「和記」平常每天手工現包 3 千粒左右的鍋貼,通常在晚餐時間過後就賣完了,但假日至少都要準備 4 千、5 千粒,蒸餃也是店內招牌之一,幾乎每桌客人都會來上一籠,麵皮吃起來特別有 Q 勁富彈性。

除了鍋貼、蒸餃外,酸辣湯、玉米濃湯、蒸餃、牛肉麵、酢醬麵、酸辣麵等,以及開胃小菜,也都受到客人喜愛。酸辣湯和玉米濃湯,滿滿食材,料多味美;各式小菜則是許老闆的獨門手藝,分量十足。

1. 剛起鍋的熱騰騰鍋貼。
2. 蒸餃賣相佳、口味好,一籠 40 元。
3. 鍋貼餡料飽實口味特佳,一個 5 元。

美食報馬仔

餡料飽滿實在,分量十足,口味鮮甜趁熱更好吃。

盧彥均
(公關公司經理)

美食情報站
嘗鮮撇步
「和記」因店面狹小、空間不大,外帶的人也多,盡量避開用餐時間去,比較不用等候。

INFO
⌂ 台南市東寧路 542 號
☎ (06) 209-1846
🕐 上午 10 時 10 分至下午 2 時 30 分,下午 4 時至晚上 10 時 30 分

大多數人吃虱目魚粥，喜歡搭配魯丸、油豆腐和虱目魚頭。

戇叔虱目魚粥
半粥式料理，福建傳統味

台南地區盛產虱目魚、蚵仔等海產類，以這 2 種為主要食材的鹹粥，是台南地區相當普遍的小吃，也是最傳統的早餐種類之一。

戇叔虱目魚粥沿襲福建彰、泉二州「半粥半料理」方式煮鹹粥的風味，老闆娘每天一早稔地將一堆虱目魚骨、肉分離後，將魚骨放進大鍋中熬製湯頭約 2 至 3 個小時，再將生米放入另一鍋魚骨熬煮的高湯中，將米煮到尚未全開呈透明狀，以文火保持溫熱，因米漿尚未滲出，湯頭還未成黏糊狀，這就是漳州、泉州式的「半粥料理煮法」。

客人點食後，再把半粥與魚骨高湯熬煮到適當的熟度，然後倒入虱目魚肉或魚肚與蚵仔一起汆燙，等粥與食料熟後舀出，加上大蒜酥與香菜，一碗鮮甜好滋味的虱目魚粥就端上桌了。老闆鄭金足以傳承父親「阿憨鹹粥」的風味自居，但將口味稍加調淡，更適合現代人養生需求。

1. 虱目魚肚粥新鮮豐盛的配料，一碗 100 元。
2. 老闆鄭金足是虱目魚粥老店阿憨創始人鄭極的二女兒，也傳承老店的口味。
3. 魯丸 2 粒 10 元、油豆腐 2 塊 10 元、虱目魚頭一盤 40 元。

美食報馬仔

改良老店風味，
虱目魚頭滋味很
甘甜。

劉文景
（紅酒經銷商）

INFO

⌂ 台南市中華東路三段 166 號
☎ (06) 267-9497
🕐 上午 6 時 30 分至下午 2 時

老闆徐良達親掌烤爐，現場燒烤。

紅瓦窯炭烤牛排
龍眼炭香，挑動味蕾

紅瓦窯炭烤牛排使用龍眼炭，以龍眼或荔枝樹的樹幹燒製而成，炭烤過程煙比較少、耐燒、火候穩定，有淡淡的果香，燒烤時會讓肉質附加上特有的香味。

店老闆、窯老大徐良達，堅持採用成本高的龍眼炭直火炭烤，所以把店設立在巷弄之中，他就在店門口側邊的烤肉台現場燒烤供應客人，也因堅持食物的品質，原味就是美味，炭烤牛排不加上多餘的調味料，只用簡單的香料或鹽提味，一口便能見真章。

徐良達表示，紅瓦窯牛排選用厚切冷藏美國牛排，炭火慢烤牛排是店內的特色料理，堅持採用炭火低溫慢烤，炭火與肉品要有一定距離，才能將肉質本身的甜度鎖住，而表層散發出淡淡的炭烤木香味，口感上更能挑動味蕾，外焦脆、內粉紅而不滴血、柔嫩多汁，最後撒上鹽，作為最重要的主要調味，即為道地的紅瓦窯炭烤牛排。

一整片厚厚的沙朗、肋排、松阪豬肉，不經軟化和醃製過程，自生肉烤到熟，保留了肉質原有的香甜，加上龍眼木慢烤的果香，細嚼慢嚥、豪邁咬下兩相宜。少見的南極冰魚，以最自然而簡單的方式烹調新鮮食材，所有餐點全不經軟化與醃製調味，力求保留食物原有的美味。

15 人以上的好友相聚、員工團體聚餐等，如有預算考量，又希望一次品嘗紅瓦窯碳烤肉品，可預約討論客製化餐點。

1. 店內擺飾簡潔明亮，走美式風格。
2. 松阪豬排套餐每份 460 元。
3. 沙朗牛排套餐每份 780 元。
4. 龍眼木碳火候掌控，攸關肉質的美味。

INFO

⌂ 台南市永康區中華二路 206 巷 81 號
☎ (06) 203-1419　預約：0937-393706
🕐 下午 5 時 30 分至晚上 9 時，週三、四公休

【南紡夢時代商圈】

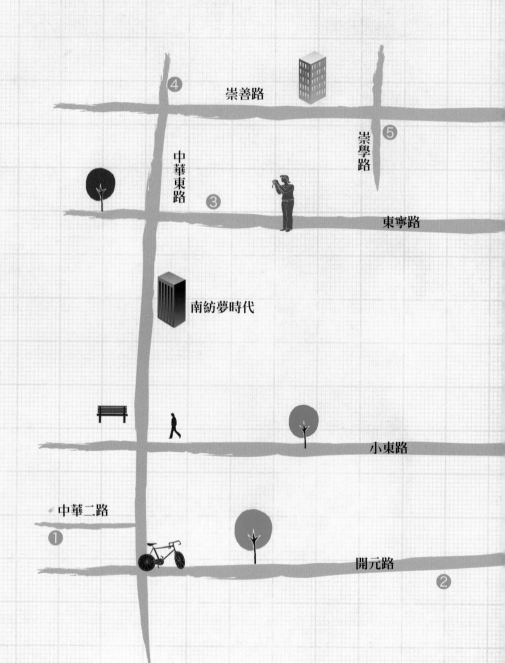

崇善路

中華東路

③

南紡夢時代

④

⑤

崇學路

東寧路

小東路

中華二路

①

開元路

②

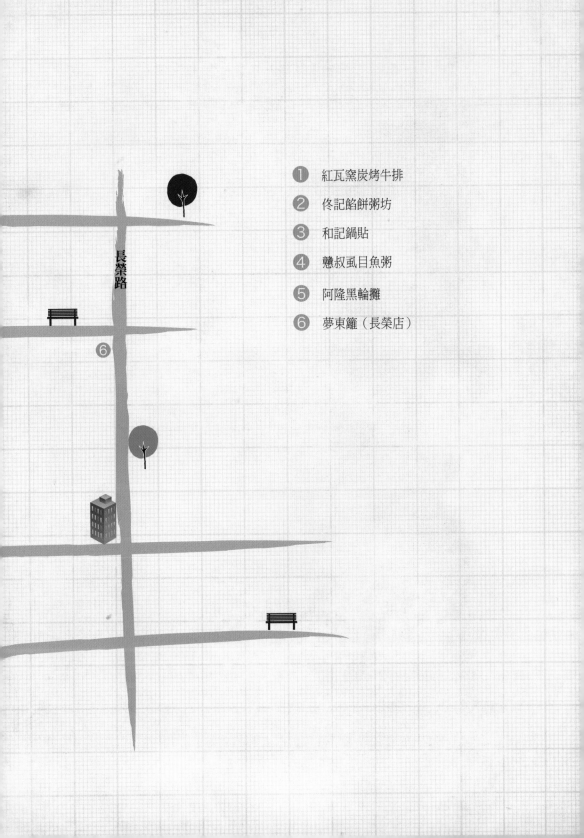

長榮路

① 紅瓦窯炭烤牛排

② 佟記餡餅粥坊

③ 和記鍋貼

④ 戀叔虱目魚粥

⑤ 阿隆黑輪攤

⑥ 夢東籬（長榮店）

台南花園夜市
吃喝玩樂，網友最愛

台南花園夜市占地近8千坪，包括2千坪停車場，共有3百多個攤位，規畫為流行服飾、美味小吃、休閒娛樂、精品百貨四大區域，可說集吃喝玩樂之大全，在台南市眾多夜市中，最具代表性，曾在TVBS「心目中最受歡迎的夜市」網路票選中奪冠，並入圍網路票選全國十大夜市且獲特色推薦獎，每逢開市日，直至深夜人潮不斷。

1. 牛B葫蘆王是人氣攤商。2. 攤位前常排滿等待的客人；台南傳統小吃常見滿座。

1. 現場滷製的二師兄滷味，風味特殊，受年輕族群喜愛。
2. 牛 B 葫蘆王賣的各種口味水果糖葫蘆，青少年愛吃。
3. 阿美芭樂賣新鮮水果，而且大片大片請客人品嘗。

每週四、六、日，花園夜市 3 百多家攤位，自下午 5 時就陸續進駐，晚上 7 時到 12 時，夜市人潮達到顛峰，許多知名攤位或站或坐，擠滿了客人。許多遊客表示，比起中部、北部，花園夜市小吃除了味美，價格也很實惠，花個 200、300 元就可吃喝好幾攤，因此口耳相傳，吸引了各地遊客「朝聖」，一路吃喝玩樂下來，至少得花費 2、3 個小時，才能逛完整個夜市，是台南二日遊晚上最佳去處之一。

人潮最多的就是美食小吃區，各類火鍋、燒烤海鮮、炸雞排、沙威瑪、臭豆腐、臭臭鍋、煎餃麵食、蚵仔煎、牛排、滷味、大腸香腸、冰品冷飲、水果等，不論台南傳統小吃、創新特色餐飲、異國代表美食，可謂應有盡有；其中小火鍋、臭臭鍋、牛排、蚵仔煎、臭豆腐等，都是極具人氣的小吃攤。

滷味也很受歡迎，「二師兄滷味」現場大鍋提供新鮮現滷的雞爪、雞翅、三杯米血、豆干、小鳥蛋等，吸引人潮聚集；「大排檔涼拌滷味」有多達 30 多種的滷味，讓客人自由挑選，想吃多少自己夾，秤重計價，方便、省錢，一次能吃到很多種好吃滷味。

「陳記麻辣鴨血魚蛋」以中藥食材滷包加上豆瓣醬熬煮的麻辣湯底，清爽順口，受年輕族群喜歡。「哈客熱狗王」的熱狗外酥內脆，熱狗香腸以純肉製作，吃起來 Q 脆有嚼勁，搭配番茄、黃芥末、黑胡椒或咖哩醬汁，各有不同風味。另外，統大雞排、牛 B 葫蘆王、港式魚蛋、阿美芭樂、小上海香酥雞、安平蚵仔煎、地瓜球、印度拉茶等，都是花園夜市的人氣攤商。

1. 異國風味美食也很有賣點。
2. 號稱台灣披薩的蔥香餅，創意十足。
3. 花園夜市地標。

不可錯過的必吃美食

台南的代表夜市之一「花園夜市」，小吃攤商包羅萬象，就算購買的客人大排長龍，也千萬別錯過這些人氣美食。

1. 二師兄滷味

新鮮現滷的滷味，常吸引大批人潮聚集購買。

2. 陳記麻辣鴨血魚蛋

Q彈的魚蛋，滑嫩的鴨血，可選擇辣度，讓人吃得大呼過癮。

3. 阿美芭樂

多種新鮮水果供客人選擇，試吃水果也大塊地切，不愧是夜市裡的人氣攤商。

4. 統大碳烤香雞排

炸得香酥的雞排，刷上特製烤醬，碳烤後的香氣口感非常受歡迎。

INFO

🏠 台南市北區海安路三段、和緯路三段交叉口

🕐 每週四、六、日晚上 6 時至隔天凌晨 1 時

第四章
五家精挑細選的南瀛美食

走遍府城大小巷，
前進南瀛繼續品嘗。
縣市合併的大台南，美食也要交流，
南瀛用當地特產製作出的美味，
人氣同樣搶搶滾。

餐廳外充滿綠意與人文氣息。

葉陶楊坊人文餐廳
高水準餐飲，新化新地標

餐廳取名來自於紀念出身新化的台灣文學家楊逵的妻子——葉陶女士，整個庭園設計自然地與鄉土結合，希望來訪客人在輕鬆雅致的用餐空間中，品嘗美味佳肴，讓人不自覺地陶醉在低調奢華的浪漫中，經營近 10 年，已成為新化的一處地標。

葉陶楊坊人文餐廳，與國立新化高工校園相連，是一處人文氣息濃厚的景觀餐廳，口碑遠傳，假日常一位難求，除了綠意盎然的庭園景觀，高水準的美食，也緊緊拴住了顧客的胃口。

東坡肉、醉雞捲、涼拌透抽、檸檬鴨片、溜皮蛋、月亮蝦餅、白雲佛手、金沙綠筍和酸菜白肉鍋，都是極受歡迎的菜肴，每兩週變換一次的菜單，也讓客人時時嘗鮮、不怕吃膩。

1. 被綠意籠罩的角落。
2. 寬敞的餐飲大廳。
3. 酸菜白肉鍋。
4. 溜皮蛋。
5. 東坡肉。
6. 地瓜蛋糕。
7. 醉雞捲。

美食報馬仔

餐點菜肴有多元化，地瓜
蛋糕別具風味。

獨家菜色多樣特別，
地瓜蛋糕超完美。

林進旺
（企業家）

蔡羿嫻
（旅澳學生）

美食情報站

古早味的葉陶貴

運用新化當地盛產的地瓜製成的「葉陶貴
（粿）」（即地瓜蛋糕），從醇密的發粿內餡
悠悠地升出一縷地瓜的香甜，創意即來自於葉
陶女士。葉陶女士雖是參與農民運動的先驅，
但在家還是扮演稱職的賢妻良母角色，每逢民
俗節慶，總是要炊粿、搓湯圓或綁粽子，在「葉
陶楊坊」才能吃到的古早味地瓜蛋糕，每一口
都嘗到到質樸的地瓜風味，及早期台灣女性為
兼顧家庭經濟與營養的用心。

INFO

⌂ 台南市新化區信義路 54-1 號
☎ (06) 590-8000
🕐 中午 11 時 30 分至晚上 9 時 30 分

下營阿興 168 燻茶鵝專賣店
香噴噴特產，觀光客必 BUY

台南下營養鵝戶全台最多，所以當地鵝肉多吃的店也很多，這裡賣的鵝肉新鮮美味又便宜，最近幾年流行吃燻茶鵝，成為下營的特產，每到假日，即吸引許多觀光客前往嘗鮮。

燻茶鵝、滷鴨蛋和滷米血。

「阿興 168 燻茶鵝」創店老闆劉進興，原以宰殺和販賣鵝隻為業，後來開店賣鵝肉，並研發製作白片鵝，亦即通稱的鹹水鵝，因口味獨特受到歡迎。之後又改良製作燻茶鵝的技術，並研發所需的滷包和調味料，以燻茶鵝的美味開創出下營的美食特色。

燻茶鵝各家口味不同，但「阿興168」特別受到歡迎，主因在於調味料和滷包藥材的祕方。過程大致是將宰殺鵝隻洗淨後，與蔥、蒜、調味料、滷包一起煮沸，等到香味四溢後，改小火燉煮，加蓋熄火燜至肉熟，即可撈起瀝乾，再將鵝隻放入特製滷汁中浸泡，最後灌進中藥材調製的滷料，經過多道手續才送進烤爐燻烤，直到鵝肉變成香噴噴的茶色為止。

1.

2.

1. 年紀輕輕的劉建志跟隨父親養鵝、賣鵝肉已
   20 年。
2. 燻茶鵝、滷鴨蛋和滷米血。

美食情報站

外帶宅配超方便

「阿興 168」現以外帶鵝肉專賣店為主，除了燻茶鵝外，另有白片鵝、鹹水鵝、醉鵝及滷製多種鵝胗、鵝腳、鵝翅、鵝蛋、鴨蛋、米血等。鵝肉是秤重計價的，所以每隻價錢不同，如果沒空或沒機會到下營，「阿興 168」也提供 7-11 宅配服務，直接打電話訂就可以了。

美食報馬仔

鵝肉切工細緻，肉質肥美不膩口，細嚼入口，齒頰留香。

林義泰
（台南市永康區中華里長、超商負責人）

INFO

🏠 台南市下營區中興南路 336 號
☎ (06)689-6888
🕐 上午 9 時到晚上 7 時

關廟鐵金鋼鳳梨酥
皮酥餡香，吃得到果粒

提到關廟的地方特產，大家一定會想到香甜多汁的鳳梨。鳳梨可以加工做成鳳梨酥、鳳梨醬、鳳梨醋等，百分之百純果肉製餡做成的鐵金鋼鳳梨酥，近年來以多樣式特殊口味備受歡迎，成為最佳伴手禮之一。

不同於其他鳳梨酥，大多以冬瓜和麥芽糖混合做餡料，「鐵金鋼」的鳳梨酥內餡以純關廟鳳梨製成，嚴選關廟鳳梨，加工製成鳳梨果餡，不但外皮酥薄內餡軟，味道香濃，且每一塊鳳梨酥都吃得到鳳梨酸甜果粒。

在「關廟鐵金鋼」唯一的門市，採開放式的中央廚房生產線，擀皮、包餡、

鳳梨酥口味有原味、蛋黃、燒餅、蔓越莓，一個 30 ～ 35 元。

烘焙、包裝等製程全部透明化，採用光觸媒機與紫外線殺菌機製成鳳梨餡料，保留住營養成分，現場可以聞到烘焙後的鳳梨酥，散發出純郁的鳳梨果香！

鐵金鋼鳳梨酥，不但以純鳳梨餡為鳳梨酥重新定位，為傳統美食加入新元素，也為關廟打出地方特產和品牌知名度。

1. 精緻的包裝，美觀大方，表達最真誠的心意。
2.3. 鳳梨酥製程透明化，顧客看得見。

美食報馬仔

黃佩姍
（長榮女中教師）

內餡百分之百在地土鳳梨製成，還吃得到鳳梨纖維呢！燒餅鳳梨酥口感酥脆，不會太甜。

美食情報站

燒餅鳳梨酥別具特色

「鐵金鋼」有原味、蛋黃、蔓越莓3種口味，及最新口感的專利產品燒餅鳳梨酥。其中，燒餅鳳梨酥以油皮、酥皮重疊製成，內包甜美果肉，外皮有芝麻粒香，可當零嘴、亦可當早餐。

INFO

🏠 台南市關廟區中山路一段 365 號
☎ (06) 596-5678
🕐 上午 8 時至晚上 8 時 30 分

做好的花生糖切塊分裝。

大灣花生糖（進福老店）
傳承古早味，名聲響叮噹

台南永康看不到一塊花生田，但「大灣花生糖」卻遠近馳名，連府城景點區都開起了標榜正港古早味的「大灣花生糖」專賣店。

永康、台南市花生糖專賣店的製作技術，其實都傳承自大灣花生糖創始人鄭大溪、鄭進福父子，如今家族成員各自創新口味，各自擁有忠實客戶。

開業 60 多年的永康大灣老店，至今仍以磚製的大型爐灶、大鍋鼎、燒木柴等傳統手工煉製花生糖，永康沒人種花生，老闆定期到北港挑選品質最好、顆粒整齊的花生，以上等麥芽膏及砂糖熬煮，先將麥芽膏燒融，再加入砂糖慢

1. 製作花生糖選用顆粒均勻的上等花生。
2.3. 花生糖裹上花生粉輾壓成花生酥。

火煮 20 分鐘，最後加入花生，慢火煮 2 個小時，其間必須隨時翻攪、試口感，煮熟後冷卻凝固，再切成統一規格的形狀，就成為一塊塊芳香酥脆的花生糖。

據說大灣花生糖是「台灣之光」王建民母校建興國中棒球隊員常吃的點心，因為口感細膩不黏牙，青少年學生都很喜歡吃。

美食報馬仔

土豆仁大粒酥脆，糖膏不會黏牙，是配茶最佳甜點！

林進旺
（企業家）

美食情報站

老店亦提供宅配服務

大灣花生糖分成硬糖、軟糖和黑芝麻，硬糖是原味沒輾壓過的顆粒花生糖，每台斤 120 元，混合花生粉輾壓過的稱花生酥每台斤 130 元，黑芝麻也是 130 元；宅配運費 100 元，買 10 盒以上免運費。

INFO

⌂ 台南市永康區民族路 336 號

☎ (06) 271-9514

◑ 夏季下午 2 時至晚上 10 時，冬季中午 12 時至晚上 10 時（營業時間較彈性）

紫米玫瑰健康食尚館

無毒蔬菜，新鮮看得到

「紫米玫瑰」餐廳對面就是老闆陳昭憲自家農園，新鮮種植的無毒蔬菜直接送到對街餐廳，有機無毒餐受到客人支持。從原來位於東豐路成大醫院附近遷到現址，原以為搬家之後客源會流失，沒想到老顧客依舊不離不棄，業績持續成長，成為社區最有特色的餐廳。

農園種植的蔬菜經過成大精緻農業中心認證，陳昭憲強調絕對「無毒」。因為他運用餐廳堆肥，加上豆渣、稻穀、牡蠣殼粉、檸檬皮、鳳梨皮、木耳太空包廢棄的木屑和黑糖，再買來蚯蚓協助鬆土，種出健康肥美的蔬菜。正因如此，店內的特色紫米飯和每一份簡餐、火鍋，除了健康養生外，都講究色香味俱全，賞心悅目。

店老闆陳昭憲悉心種植蔬菜，供應餐廳需求。

客人坐定後，服務人員就會端上一壺花茶，是陳昭憲摘自菜園內香草調製而成，喝一口隨即淡淡幽香，配上幾片老闆招待的酥脆可口手工餅乾，心情愉悅享受餐前寧謐。鮮魚時蔬鍋、玫瑰香菇雞肉鍋、藥膳時蔬鍋、泡菜時蔬鍋、九品蓮花時蔬鍋、梅子雞肉飯、三鮮粉絲煲等，都是店內的人氣餐點。

正因為時蔬鍋和各式餐點內沒有加工的火鍋料和食材，除了魚、肉外，蔬菜和佐料都來自菜園新鮮供應，所以客人等待出餐前，常會看到陳昭憲手裡握著剛採摘的新鮮時蔬葉菜，來回穿梭菜園、餐廳兩頭忙。

這正是其他餐廳看不見的場景，客人雖然看得奇特但也更放心，「我隨時待命採摘補給廚師所需，新鮮看得到！」陳昭憲說。客人用完餐後，看到滿園青翠的蔬菜，忍不住摘上幾把帶回家，不用稱斤論兩，陳昭憲只約略收個工本費與大家一起嘗鮮。

1. 三鮮粉絲煲套餐 330 元。
2. 各式時蔬鍋料理以自家農園蔬菜入菜，新鮮看得見，一份 320 ～ 380 元。
3. 餐前花茶和手工餅乾免費供應。
4. 梅子雞肉飯套餐 250 元。

INFO
⌂ 台南市永康區文賢街 407 號
☎ (06) 205-0515、0931-937669
🕐 上午 11 時至下午 2 時 30 分，下午 5 時至晚上 9 時 30 分

增訂版

吃進大台南

內行ㄟ最愛，73家必吃美食

作　　　者	蔡宗明	總 經 銷	大和書報圖書股份有限公司
編　　　輯	鄭婷尹	地　　址	新北市新莊區五工五路 2 號
美術設計	侯心苹	電　　話	(02) 8990-2588
		傳　　真	(02) 2299-7900
發 行 人	程顯灝		
總 編 輯	呂增娣	製版印刷	皇城廣告印刷事業股份有限公司
主　　編	李瓊絲	初　　版	2016 年 7 月
編　　　輯	鄭婷尹、邱昌昊	定　　價	290 元
	黃馨慧、余雅婷	I S B N	978-986-5661-75-5（平裝）
美術主編	吳怡嫻		
資深美編	劉錦堂		
美　　　編	侯心苹		
行銷總監	呂增慧		
行銷企劃	謝儀方、李承恩		
	程佳英		
發 行 部	侯莉莉		
財 務 部	許麗娟、陳美齡		
印　　　務	許丁財		
出 版 者	四塊玉文創有限公司		
總 代 理	三友圖書有限公司		
地　　址	106 台北市安和路 2 段 213 號 4 樓		
電　　話	(02) 2377-4155		
傳　　真	(02) 2377-4355		
E - mail	service@sanyau.com.tw		
郵政劃撥	05844889 三友圖書有限公司		

SANYAU
http://www.ju-zi.com.tw
三友圖書
友直 友諒 友多聞

國家圖書館出版品預行編目(CIP)資料

吃進大台南：內行ㄟ最愛，73 家必吃美食 / 蔡宗明
著 .-- 初版 .-- 台北市：四塊玉文創 , 2016.07
　面；　公分
ISBN 978-986-5661-75-5(平裝)

1. 餐飲業 2. 旅遊 3. 台南市

483.8　　　　　　　　　　　　　　　105010361